수학 좀 한다면

최상위 초등수학 2-1

펴낸날 [초판 1쇄] 2023년 10월 1일 [초판 3쇄] 2024년 6월 25일
펴낸이 이기열
펴낸곳 (주)디딤돌 교육
주소 (03972) 서울특별시 마포구 월드컵북로 122 청원선와이즈타워
대표전화 02-3142-9000
구입문의 02-322-8451
내용문의 02-323-9166
팩시밀리 02-338-3231
홈페이지 www.didimdol.co.kr
등록번호 제10-718호
구입한 후에는 철회되지 않으며 잘못 인쇄된 책은 바꾸어 드립니다.
이 책에 실린 모든 삽화 및 편집 형태에 대한 저작권은
(주)디딤돌 교육에 있으므로 무단으로 복사 복제할 수 없습니다.
상표등록번호 제40-1576339호
최상위는 특허청으로부터 인정받은 (주)디딤돌 교육의 고유한 상표이므로
무단으로 사용할 수 없습니다.
Copyright ⓒ Didimdol Co. [2461520]

최상위 수학 2·1 학습 스케줄표

짧은 기간에 집중력 있게 한 학기 과정을 학습할 수 있도록 설계하였습니다.
방학 때 미리 공부하고 싶다면 8주 완성 과정을 이용하세요.

공부한 날짜를 쓰고 하루 분량 학습을 마친 후, 부모님께 확인 check ☑를 받으세요.

1주

월 일	월 일	월 일	월 일	월 일
1. 세 자리 수				
10~12쪽	13~15쪽	16~18쪽	19~21쪽	22~24쪽
☐	☐	☐	☐	☐

2주

월 일	월 일	월 일	월 일	월 일
1. 세 자리 수		**2. 여러 가지 도형**		
25~26쪽	27~28쪽	32~34쪽	35~37쪽	38~40쪽
☐	☐	☐	☐	☐

3주

월 일	월 일	월 일	월 일	월 일
2. 여러 가지 도형				
41~43쪽	44~46쪽	47~48쪽	49~50쪽	51~52쪽
☐	☐	☐	☐	☐

4주

월 일	월 일	월 일	월 일	월 일
3. 덧셈과 뺄셈				
56~58쪽	59~61쪽	62~64쪽	65~67쪽	68~70쪽
☐	☐	☐	☐	☐

공부를 잘 하는 학생들의 좋은 습관 8가지

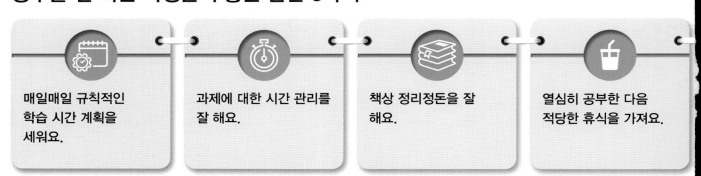

매일매일 규칙적인 학습 시간 계획을 세워요.

과제에 대한 시간 관리를 잘 해요.

책상 정리정돈을 잘 해요.

열심히 공부한 다음 적당한 휴식을 가져요.

12주 완성

최상위
수학 2·1 학습 스케줄표

부담되지 않는 학습량으로 공부 습관을 기를 수 있도록 설계하였습니다.
학기 중 교과서와 함께 공부하고 싶다면 12주 완성 과정을 이용하세요.

공부한 날짜를 쓰고 하루 분량 학습을 마친 후, 부모님께 확인 check ☑를 받으세요.

1주

월 일	월 일	월 일	월 일	월 일
1. 세 자리 수				
10~11쪽	12~13쪽	14~15쪽	16~17쪽	18~19쪽
☐	☐	☐	☐	☐

2주

월 일	월 일	월 일	월 일	월 일
1. 세 자리 수				
20~21쪽	22~23쪽	24~25쪽	26~27쪽	28쪽
☐	☐	☐	☐	☐

3주

월 일	월 일	월 일	월 일	월 일
2. 여러 가지 도형				
32~33쪽	34~35쪽	36~37쪽	38~39쪽	40~41쪽
☐	☐	☐	☐	☐

4주

월 일	월 일	월 일	월 일	월 일
2. 여러 가지 도형				
42~43쪽	44~45쪽	46~47쪽	48~49쪽	50~51쪽
☐	☐	☐	☐	☐

5주

월 일	월 일	월 일	월 일	월 일
2. 여러 가지 도형	**3. 덧셈과 뺄셈**			
52쪽	56~57쪽	58~59쪽	60~61쪽	62~63쪽
☐	☐	☐	☐	☐

6주

월 일	월 일	월 일	월 일	월 일
3. 덧셈과 뺄셈				
64~65쪽	66~67쪽	68~69쪽	70~71쪽	72~73쪽
☐	☐	☐	☐	☐

8주
완성

	월 일	월 일	월 일	월 일	월 일
5주	**3. 덧셈과 뺄셈**			**4. 길이 재기**	
	71~72쪽 ☐	73~74쪽 ☐	75~76쪽 ☐	80~83쪽 ☐	84~87쪽 ☐

	월 일	월 일	월 일	월 일	월 일
6주	**4. 길이 재기**				**5. 분류하기**
	88~90쪽 ☐	91~93쪽 ☐	94~96쪽 ☐	97~98쪽 ☐	102~105쪽 ☐

	월 일	월 일	월 일	월 일	월 일
7주	**5. 분류하기**				**6. 곱셈**
	106~108쪽 ☐	109~111쪽 ☐	112~114쪽 ☐	115~117쪽 ☐	122~125쪽 ☐

	월 일	월 일	월 일	월 일	월 일
8주	**6. 곱셈**				
	126~129쪽 ☐	130~132쪽 ☐	133~135쪽 ☐	136~138쪽 ☐	139~141쪽 ☐

등, 하교 때 자신이 한 공부를 다시 기억하며 상기해 봐요.

모르는 부분에 대한 질문을 잘 해요.

수학 문제를 푼 다음 틀린 문제는 반드시 오답 노트를 만들어요.

자신만의 노트 필기법이 있어요.

상위권의 기준

최상위 수학

초등 2·1

수학 좀 한다면

구성과 특징

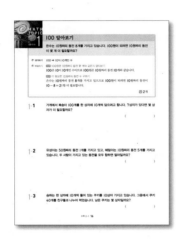

MATH TOPIC

엄선된 대표 심화 유형들을 집중 학습함으로써 문제 해결력과 사고력을 향상시키는 단계입니다.

BASIC CONCEPT

개념 설명과 함께 구성되어 있습니다.
교과서 개념 이외의 실전 개념, 연결 개념, 주의 개념, 사고력 개념을 함께 정리하여 심화 학습의 기본기를 갖출 수 있게 하였습니다.

BASIC TEST

본격적인 심화 학습에 들어가기 전 단계로 개념을 적용해 보며 기본 실력을 확인합니다.

HIGH LEVEL

교외 경시 대회에서 출제되는 수준 높은 문제들을
풀어 봄으로써 상위 3% 최상위권에 도전하는 단계
입니다.

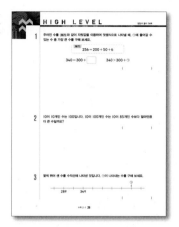

윗 단계로 올라가는 데 어려움이
없도록 **BRIDGE** 문제들을
각 코너별로 배치하였습니다.

LEVEL UP TEST

대표 심화 유형 외의 다양한 심화 문제들을 풀어
봄으로써 해결 전략과 방법을 학습하고 상위권으로
한 걸음 나아가는 단계입니다.

차례

세 자리 수

자릿값으로 알아보는 세 자리 수

자릿값의 단위, 10

우리가 사용하는 숫자는 0, 1, 2, 3, 4, 5, 6, 7, 8, 9로 단 10개뿐입니다. 하지만 나타낼 수 있는 수는 셀 수 없이 많습니다. 어떻게 단 10개의 숫자로 10개보다 훨씬 많은 수를 나타낼 수 있을까요? 바로 자릿값 덕분입니다.

1부터 9까지는 한 자리 수입니다. 하지만 9보다 1만큼 더 큰 수는 두 자리 수인 10이 됩니다. 이는 우리가 아라비아 숫자를 사용할 때에 십진법을 기준으로 하기 때문이에요. 십진법이란 10개의 숫자를 한 묶음으로 하여 한 자리 올려가는 방법을 말합니다. 즉, 9보다 1만큼 더 큰 수는 한 자리를 올려 십의 자리에 1을 쓰고 일의 자리에는 0을 써서 10으로 나타내는 것이죠. 바로 여기서 자릿값의 개념이 생깁니다. 십진법에서 자릿값을 좀 더 정확히 알아볼까요?

1 vs 10

1과 10 모두 숫자 1이 들어 있는 수예요. 하지만 똑같은 숫자라도 자리에 따라 나타내는 값이 다릅니다. 일의 자리에 있는 1은 1을 나타내고, 십의 자리에 있는 1은 10을 나타내요. 한 자리 올라갈 때마다 자릿값이 10배가 되기 때문이에요.

세 자리 수의 탄생

90보다 10만큼 더 큰 수가 100이 되는 것도 같은 원리입니다. 십 9개는 90으로 나타내지만 90보다 10만큼 더 큰 수는 십 10개를 묶어 '백 1개'로 생각합니다. 두 자리 수로 표현할 수 없는 값을 세 자리 수로 표현한 거예요.

10 vs 100

이번엔 10과 100을 비교해 볼까요? 십의 자리 숫자 1은 10을 나타내지만 백의 자리 숫자 1은 100을 나타냅니다.

같은 이유로, 333에서 백의 자리 숫자 3은 300을, 십의 자리 숫자 3은 30을, 일의 자리 숫자 3은 3을 나타냅니다. 그래서 자릿값을 이용하여 333을 덧셈식으로 나타낼 수 있습니다.

$$333 = 300 + 30 + 3$$

자릿값을 이해하면 주어진 숫자로 서로 다른 세 자리 수를 만들 수도 있습니다. 2, 8, 9를 각기 다른 자리에 놓아 볼까요?

2	8	9		2	9	8
8	2	9		8	9	2
9	2	8		9	8	2

위의 여섯 가지 수는 같은 숫자를 이용해서 만들었지만 모두 다른 수입니다. 역시 자리에 따라 나타내는 값이 다르기 때문이겠죠?

1 백, 몇백

① 백 알아보기

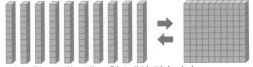

십 모형 10개는 백 모형 1개와 같습니다.

크기	쓰기	읽기
· 10이 10개인 수 · 90보다 10만큼 더 큰 수 · 99보다 1만큼 더 큰 수	100	백

② 몇백 알아보기

수 모형	100이 2개인 수	100이 3개인 수	100이 4개인 수	…
쓰기	200	300	400	…
읽기	이백	삼백	사백	…

⚡ 실전 개념

① 100을 나타내는 여러 가지 방법

일정한 간격으로 눈금을 표시하여 수를 나타낸 직선

표현	수직선	덧셈식
1이 100개인 수	① ② ③ ④ ⑤ … ⑯ ⑰ ⑱ ⑲ ⑳ 0 1 2 3 4 5 … 95 96 97 98 99 100	$1+1+1+1+1+\cdots+1=100$ 100개
10이 10개인 수	① ② ③ ④ ⑤ ⑥ ⑦ ⑧ ⑨ ⑩ 0 10 20 30 40 50 60 70 80 90 100	$10+10+10+\cdots+10=100$ 10개
99보다 1만큼 더 큰 수	94 95 96 97 98 99 100	$99+1=100$
90보다 10만큼 더 큰 수	60 70 80 90 100	$90+10=100$
101보다 1만큼 더 작은 수	99 100 101 102 103 104 105	$101-1=100$
110보다 10만큼 더 작은 수	90 100 110 120 130	$110-10=100$

② 10과 100의 자릿수   10개가 모이면 윗자리로 1을 올립니다.

· 9보다 1만큼 더 큰 수
· 1이 10개인 수
→ **10**
십의 자리 수   일의 자리 수

· 99보다 1만큼 더 큰 수
· 10이 10개인 수
→ **100**
백의 자리 수   십의 자리 수

1 ☐ 안에 알맞은 수를 써넣으세요.

(1)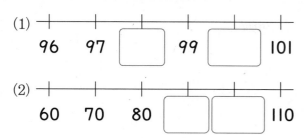

96 97 ☐ 99 ☐ 101

(2)

60 70 80 ☐ ☐ 110

2 나타내는 수가 다른 하나는 어느 것일까요? (　　　)

① 십 모형이 10개인 수
② 99보다 1만큼 더 큰 수
③ 60보다 20만큼 더 큰 수
④ 70보다 30만큼 더 큰 수
⑤ 10이 9개이고 1이 10개인 수

3 알약이 한 통에 100개씩 들어 있습니다. 6통에 든 알약은 모두 몇 개일까요?

(　　　　　　　)

4 과수원에서 사과를 한 상자에 10개씩 넣어서 팔고 있습니다. 10상자에 들어 있는 사과는 모두 몇 개인지 설명해 보세요.

설명 ....

....

5 수 모형을 보고 맞는 것에 ○표, 틀린 것에 ×표 하세요.

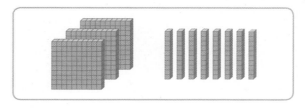

· 300보다 큽니다.　　　　(　　　)
· 400보다 큽니다.　　　　(　　　)
· 300보다 크고 400보다 작습니다.
　　　　　　　　　　　(　　　)

6 ㉠이 가리키는 수를 동전으로 나타내려면 100원짜리 동전이 몇 개 필요할까요?

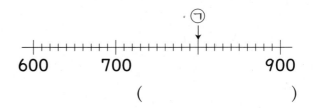

600　　700　　　　900

(　　　　　　　)

2 세 자리 수, 자릿값

❶ 세 자리 수의 자릿값 알아보기
각 자리의 숫자가 나타내는 수

백의 자리	십의 자리	일의 자리
100이 2개	10이 2개	1이 7개
2	2	7

2	0	0
	2	0
		7

같은 숫자라도 자리에 따라 나타내는 수가 다릅니다.

100이 2개, 10이 2개, 1이 7개이면
227입니다.
이백이십칠

2는 백의 자리 숫자 ➡ 200
2는 십의 자리 숫자 ➡ 20
7은 일의 자리 숫자 ➡ 7

➡ 227 = 200 + 20 + 7
자릿값을 이용하여 수를 덧셈식으로 나타낼 수 있습니다.

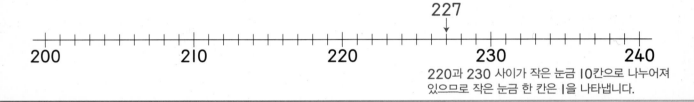

227

200 … 210 … 220 … 230 … 240

220과 230 사이가 작은 눈금 10칸으로 나누어져 있으므로 작은 눈금 한 칸은 1을 나타냅니다.

⚡ 실전 개념

❶ 세 자리 수를 여러 가지 방법으로 나타내기

· **350**

100이 3개 ➡ 300	100이 2개 ➡ 200
10이 5개 ➡ 50	10이 15개 ➡ 150
350	10이 10개, 10이 5개 350
350 = 300 + 50 ◄	350 = 200 + 150 ◄

· **458**

100이 4개 ➡ 400	100이 3개 ➡ 300
10이 5개 ➡ 50	10이 15개 ➡ 150
1이 8개 ➡ 8	1이 8개 ➡ 8
458	458
458 = 400 + 50 + 8	458 = 300 + 150 + 8

❷ 수 카드로 조건에 맞는 수 만들기

7 2 3 8

가장 큰 세 자리 수	둘째로 큰 세 자리 수
가장 큰 수부터 백, 십, 일의 자리에 차례로 놓습니다.	일의 자리에 넷째로 큰 수를 놓습니다.
8 7 3	8 7 2

➡ 높은 자리일수록 큰 수를 나타내기 때문입니다.

가장 작은 세 자리 수	둘째로 작은 세 자리 수
가장 작은 수부터 백, 십, 일의 자리에 차례로 놓습니다.	일의 자리에 넷째로 작은 수를 놓습니다.
2 3 7	2 3 8

▬ BASIC TEST ▬

1 □ 안에 알맞은 수를 써넣으세요.

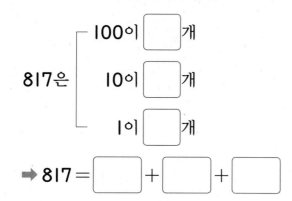

817은
- 100이 □ 개
- 10이 □ 개
- 1이 □ 개

➡ 817 = □ + □ + □

2 밑줄 친 숫자가 나타내는 수를 써 보세요.

(1) <u>9</u>28 (   )

(2) 4<u>3</u>7 (   )

(3) 6<u>0</u>5 (   )

3 다음 수에서 밑줄 친 두 숫자 9의 다른 점을 설명해 보세요.

3<u>99</u>

설명 ....

....

4 □ 안에 알맞은 수를 써넣어 10이 35개인 수를 구해 보세요.

10이 35개인 수

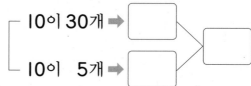

- 10이 30개 ➡ □
- 10이 5개 ➡ □

➡ □

5 수직선을 보고 ㉠과 ㉡이 나타내는 수를 각각 구해 보세요.

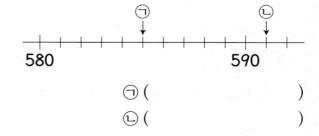

㉠ (   )
㉡ (   )

6 241을 보기 와 같은 방법으로 표시해 보세요.

보기
324 ➡ ★★★♡♡■■■■

241 ➡

3 뛰어 세기, 수의 크기 비교하기

❶ 뛰어 세기

- 100씩 뛰어 세기 278 — 378 — 478 — 578 — 678 — 778 — 878 — 978

- 10씩 뛰어 세기 278 — 288 — 298 — 308 — 318 — 328 — 338 — 348
  └ 90보다 10만큼 더 큰 수는 100이므로 백의 자리 수가
  1 커지고 십의 자리 수는 0이 됩니다.

- 1씩 뛰어 세기 278 — 279 — 280 — 281 — 282 — 283 — 284 — 285
  └ 9보다 1만큼 더 큰 수는 10이므로 십의 자리 수가
  1 커지고 일의 자리 수는 0이 됩니다.

❷ 수의 크기 비교하기

- 485와 493의 크기 비교

┌ 높은 자리 수일수록 나타내는 수가 크기 때문입니다.

백, 십, 일의 자리 순서로 각 자리 수를 비교합니다.

4	⑧	5	<	4	⑨	3
4	0	0	=	4	0	0
	8	0	<		9	0
		5				3

➡ 485 < 493

백의 자리 수가 같으므로 십의 자리 수를 비교합니다.

참고 자릿수가 다를 때에는 자릿수가 많을수록 큰 수입니다.
예 (세 자리 수)>(두 자리 수)

🔗 연결 개념 [네 자리 수]

┌ ·100이 10개인 수
│ ·10이 100개인 수

❶ 1000(천) 알아보기

- 900보다 100만큼 더 큰 수

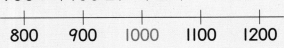

 800   900   1000   1100   1200

- 990보다 10만큼 더 큰 수

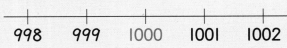

 980   990   1000   1010   1020

- 999보다 1만큼 더 큰 수

 998   999   1000   1001   1002

❷ 수직선에서 수의 크기 비교하기

      485   493

 480   490

수직선에서 오른쪽에 있을수록 큰 수입니다.

485 < 493

⚡ 실전 개념

❶ 수의 크기를 비교하여 모르는 수 구하기

6□3 < 627

① 백의 자리 수가 같으므로 십의 자리 수를 비교합니다.

6□3 < 627 ➡ □ < 2

➡ □ 안에 0, 1이 들어갈 수 있습니다.

② 십의 자리 수가 같은 경우 일의 자리 수를 비교합니다. 즉, □ 안에 2도 들어갈 수 있는지 확인합니다.

623 < 627

➡ □ 안에 0, 1, 2가 들어갈 수 있습니다.

1 뛰어 세는 규칙을 찾아 빈칸에 알맞은 수를 써넣으세요.

(1)

| 189 | 289 | | 489 |

| 589 | | 789 |

(2)

| 994 | 995 | 996 | 997 |

| 998 | | |

2 빈칸에 알맞은 수를 써넣으세요.

	1만큼 더 큰 수	10만큼 더 큰 수	100만큼 더 큰 수
192			

3 ○ 안에 >, <를 알맞게 써넣고, 까닭을 설명해 보세요.

511 ○ 508

설명 ....

....

....

4 큰 수부터 차례로 기호를 써 보세요.

┌─────────────────────────┐
│ ㉠ 930   ㉡ 936   ㉢ 898 │
└─────────────────────────┘

( )

5 지완이는 700원이 들어 있는 저금통에 50원짜리 동전 2개를 더 넣었습니다. 저금통 안에 들어 있는 돈은 모두 얼마일까요?

( )

6 수직선을 보고 298보다 크고 302보다 작은 수를 모두 써 보세요.

295   300

( )

100 알아보기

은수는 10원짜리 동전 8개를 가지고 있습니다. 100원이 되려면 10원짜리 동전이 몇 개 더 필요할까요?

● 생각하기 100 ➡ 10이 10개인 수

● 해결하기 **1단계** 100원은 10원짜리 동전 몇 개와 같은지 알아보기

100은 10이 10개인 수이므로 100원은 10원짜리 동전 10개와 같습니다.

2단계 더 필요한 10원짜리 동전 수 구하기

은수는 10원짜리 동전 8개를 가지고 있으므로 100원이 되려면 10원짜리 동전이 10 − 8 = 2(개) 더 필요합니다.

답 2개

1-1 가게에서 복숭아 100개를 한 상자에 10개씩 담으려고 합니다. 7상자가 있다면 몇 상자가 더 필요할까요?

(   )

1-2 유성이는 50원짜리 동전 1개를 가지고 있고, 혜림이는 10원짜리 동전 5개를 가지고 있습니다. 두 사람이 가지고 있는 동전을 모두 합하면 얼마일까요?

(   )

1-3 승하는 한 상자에 10개씩 들어 있는 쿠키를 10상자 가지고 있었습니다. 그중에서 쿠키 40개를 친구들과 나누어 먹었습니다. 남은 쿠키는 몇 상자일까요?

(   )

몇백에 가까운 수 알아보기

주어진 수 500은 양쪽에 있는 두 수 중에서 어떤 수에 더 가까운지 써 보세요.

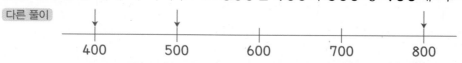

● **생각하기** ■00 ➡ 100이 ■개인 수

● **해결하기** **1단계** 각각 100이 몇 개인 수인지 알아보기

500은 100이 **5**개인 수이고, 400은 100이 **4**개인 수, 800은 100이 **8**개인 수입니다.

2단계 500은 어떤 수에 더 가까운지 알아보기

5는 4와 8 중 4에 더 가까우므로 500은 400과 800 중 **400**에 더 가깝습니다.

다른 풀이

400   500   600   700   800

500, 400, 800을 수직선에 나타내 보면 500은 400과 800 중 400에 더 가깝습니다.

답 400

2-1 700은 300과 800 중에서 어떤 수에 더 가까울까요?

(   )

2-2 600은 다음 수들 중에서 어떤 수에 가장 가까울까요?

200   500   900

(   )

2-3 900에 가장 가까운 '몇백'인 수를 써 보세요.

(   )

세 자리 수의 응용

100이 5개, 10이 13개, 1이 7개인 수를 구해 보세요.

● 생각하기   10이 ■▲개인 수 ➡ 100이 ■개, 10이 ▲개인 수

● 해결하기   **1단계** 10이 13개인 수 알아보기

10이 13개인 수 ⎡ 10이 10개 ➡ 100 ⎤ 130
                ⎣ 10이 3개 ➡ 30 ⎦

2단계 100이 5개, 10이 13개, 1이 7개인 수 알아보기

100이 5개, 10이 13개, 1이 7개인 수는
100이 5+1=6(개), 10이 3개, 1이 7개인 수와 같으므로 **637**입니다.

답 637

3-1 100이 6개, 10이 12개, 1이 3개인 수를 구해 보세요.

(   )

3-2 100이 3개, 10이 25개, 1이 3개인 수를 구해 보세요.

(   )

3-3 다음은 문구점에 있는 색종이의 수를 센 것입니다. 문구점에 있는 색종이는 모두 몇 장인지 구해 보세요.

> 100장씩 5묶음, 10장씩 16묶음

(   )

MATH TOPIC 4 심화유형

수 카드로 가장 작은 수, 가장 큰 수 만들기

수 카드 5장 중 3장을 사용하여 세 자리 수를 만들려고 합니다. 만들 수 있는 수 중에서 가장 작은 수를 써 보세요.

● **생각하기** 가장 작은 수부터 백, 십, 일의 자리에 차례로 놓으면 가장 작은 세 자리 수가 됩니다.
  └▸ 높은 자리 수일수록 나타내는 수가 크기 때문입니다.

● **해결하기** 1단계 수의 크기 비교하기

0 < 3 < 4 < 7 < 8이므로 가장 작은 수는 0, 둘째로 작은 수는 3, 셋째로 작은 수는 4입니다.

2단계 가장 작은 세 자리 수 만들기 ─ 0을 백의 자리에 놓으면 세 자리 수를 만들 수 없습니다.

0은 백의 자리에 올 수 없으므로 둘째로 작은 수 3을 백의 자리에 놓고,

가장 작은 수 0을 십의 자리에, 셋째로 작은 수 4를 일의 자리에 놓습니다.

따라서 만들 수 있는 가장 작은 세 자리 수는 304입니다.

답 304

4-1 수 카드 5장 중에서 3장을 사용하여 세 자리 수를 만들려고 합니다. 만들 수 있는 수 중에서 가장 작은 수를 써 보세요.

5 0 7 2 9

(   )

4-2 수 카드 5장 중에서 3장을 사용하여 세 자리 수를 만들려고 합니다. 만들 수 있는 수 중에서 가장 큰 수를 써 보세요.

6 8 1 3 2

(   )

수의 크기를 비교하여 □ 안에 들어갈 수 구하기

I부터 9까지의 수 중 □ 안에 들어갈 수 있는 수를 모두 구해 보세요.

$$592 > \square 78$$

● 생각하기   백, 십, 일의 자리 순서로 각 자리 수를 비교합니다.

● 해결하기   **1단계** 백의 자리 수를 비교하여 □ 안에 들어갈 수 있는 수 구하기

백의 자리 수를 비교하여 592 > □78이 되려면 5 > □이어야 하므로 □ 안에 들어갈 수 있는 수는 I, 2, 3, 4입니다.   ┌ 백의 자리 수가 같다면 십의 자리 수를 비교해 보아야 합니다.

2단계 백의 자리 수가 같은 경우를 확인하기

□ 안에 5도 들어갈 수 있는지 확인합니다.

□ 안에 5를 넣으면 592 > 578이므로 □ 안에 5도 들어갈 수 있습니다.
                 9 > 7

따라서 □ 안에 들어갈 수 있는 수를 모두 구하면 I, 2, 3, 4, 5입니다.

답 I, 2, 3, 4, 5

5-1   I부터 9까지의 수 중 □ 안에 들어갈 수 있는 수를 모두 구해 보세요.

$$745 < \square 01$$

(   )

5-2   0부터 9까지의 수 중 □ 안에 들어갈 수 있는 수는 모두 몇 개일까요?

$$236 > 2\square 2$$

(   )

MATH TOPIC 6

심화유형

수직선에서 뛰어 세기

몇씩 뛰어 센 수를 수직선에 나타냈습니다. ㉠과 ㉡이 나타내는 수를 각각 써 보세요.

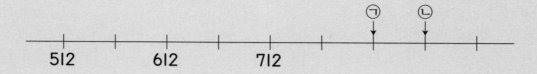

● **생각하기**
· 수직선에서 오른쪽에 있을수록 큰 수입니다.
· 눈금 한 칸의 크기만큼씩 뛰어 센 것으로 생각합니다.

● **해결하기**   **1단계** 눈금 한 칸의 크기 구하기

512에서 눈금 두 칸만큼 뛰어 세면 612이므로 눈금 두 칸은 100을 나타냅니다. 100은 50이 2개인 수이므로 눈금 한 칸의 크기는 50입니다.

2단계 ㉠과 ㉡이 나타내는 수 구하기

㉠은 712에서 50씩 두 번 뛰어 센 수이므로 712보다 100만큼 더 큰 수인 812입니다.

㉡은 ㉠에서 50씩 한 번 뛰어 센 수이므로 812보다 50만큼 더 큰 수인 862입니다.

답 ㉠: 812, ㉡: 862

6-1 몇씩 뛰어 센 수를 수직선에 나타냈습니다. ㉠과 ㉡이 나타내는 수를 각각 써 보세요.

㉠ (   ), ㉡ (   )

6-2 몇씩 뛰어 센 수를 수직선에 나타냈습니다. ㉠과 ㉡이 나타내는 수를 각각 써 보세요.

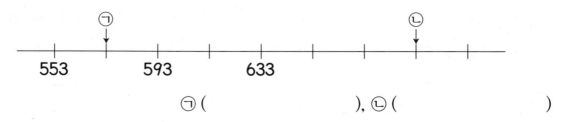

㉠ (   ), ㉡ (   )

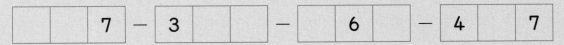

MATH TOPIC 7
심화유형

뛰어 세기의 응용

근영이의 컴퓨터 비밀번호는 세 자리 수 4개이고, 이것은 왼쪽 수부터 40씩 뛰어 센 수와 같습니다. 빈칸에 알맞은 수를 써넣어 비밀번호를 완성해 보세요.

| | 7 | — | 3 | | — | | 6 | — | 4 | 7 |

● 생각하기   40씩 뛰어 세면 십의 자리 수가 4씩 커집니다.

● 해결하기   **1단계** 일의 자리 수 구하기

40씩 뛰어 셀 때 일의 자리 수는 변하지 않으므로 일의 자리 수는 모두 **7**입니다.

2단계 둘째 수와 셋째 수 구하기

셋째 수는 둘째 수보다 40만큼 더 큰 수이므로 셋째 수는 367이고,
둘째 수는 327입니다.

3단계 첫째 수와 넷째 수 구하기

첫째 수는 둘째 수 327보다 40만큼 더 작은 수이므로 287이고,
넷째 수는 셋째 수 367보다 40만큼 더 큰 수이므로 407입니다.

답 287 — 327 — 367 — 407

7-1 영준이네 집 현관 비밀번호는 세 자리 수 4개이고, 이것은 왼쪽 수부터 70씩 뛰어 센 수와 같습니다. 빈칸에 알맞은 수를 써넣어 비밀번호를 완성해 보세요.

| 4 | | — | | 8 | — | | 2 | — | 6 | |

7-2 지현이의 보물 상자 비밀번호는 세 자리 수 4개이고, 이것은 왼쪽 수부터 60씩 뛰어 센 수와 같습니다. 빈칸에 알맞은 수를 써넣어 비밀번호를 완성해 보세요.

| | | — | 5 | | — | 6 | 3 | — | | 0 | |

MATH TOPIC 8
심화유형

세 자리 수를 활용한 교과통합유형

수학+체육

올림픽은 4년마다 열리는 국제 스포츠 경기 대회입니다. 올림픽 경기 종목에서 I, 2, 3등에게는 각각 금, 은, 동메달이 수여됩니다. 다음은 2016 리우데자네이루 올림픽에서 수여된 종목별 메달 수입니다. 메달 수가 많은 종목부터 차례로 써 보세요.

수영	육상	체조
138개	141개	54개

● 생각하기   먼저 자릿수를 비교하고 자릿수가 같으면 백, 십, 일의 자리 순서로 수를 비교합니다.

● 해결하기   **1단계** 세 수의 크기 비교하기

138, 141, 54의 자릿수를 비교하면 두 자리 수인 54가 가장 작습니다.

138과 141은 백의 자리 수가 같으므로 십의 자리 수를 비교하면 138 < 141입니다.
$$3 < 4$$

2단계 메달 수가 많은 종목부터 차례로 쓰기

큰 수일수록 메달 수가 많은 것입니다. ☐ > ☐ > 54이므로

메달 수가 많은 종목부터 차례로 쓰면 ☐, ☐, 체조입니다.

답 ☐, ☐, 체조

수학+사회

8-1

2015년 서울특별시에 있는 학교 수를 설명한 자료입니다. 초등학교, 중학교, 고등학교, 특수학교 중 학교 수가 많은 것부터 차례로 써 보세요.

> 서울특별시 교육청에서 발표한 바에 따르면 2015년 현재 서울특별시에는 고등학교가 318개, 중학교가 384개, 초등학교가 599개, 특수학교가 29개 있습니다.

(   )

1 300원이 되려면 50원짜리 동전이 몇 개 있어야 할까요?

( )

수학+사회

STEAM형 2 유니세프(UNICEF)는 국적 등의 차별 없이 어린이의 건강, 영양, 교육의 질을 높이기 위하여 전 세계가 함께 만든 후원 단체입니다. 윤정이는 유니세프에 후원 금을 보내기 위해 매일 100원씩 7일 동안 저금했습니다. 1000원을 모으려면 얼마가 더 필요할까요?

( )

3 다음 동전 중 4개를 골라 만들 수 있는 금액을 모두 써 보세요.

( )

4 수직선에서 ㉠과 ㉡이 나타내는 수를 각각 구해 보세요.

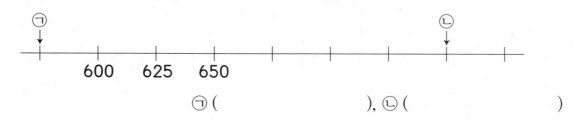

㉠ (   ), ㉡ (   )

서술형 **5** 한 상자에 100개씩 들어 있는 귤이 5상자 있고, 한 봉지에 10개씩 들어 있는 귤이 42봉지 있습니다. 귤은 모두 몇 개인지 풀이 과정을 쓰고 답을 구해 보세요.

풀이 ....

....

....

답 ....

6 어떤 수 ■보다 100만큼 더 큰 수는 502입니다. ■보다 10만큼 더 작은 수는 얼마일까요?

( )

STE AM형 **7** 위인은 삶에서 좋은 일을 하고 뛰어난 업적을 남긴 훌륭한 사람들을 말합니다. 다음은 우리나라 위인들이 태어난 연도를 나타낸 것입니다. 가장 먼저 태어난 위인은 누구일까요?

위인	김유신	광개토대왕	강감찬	장수왕
태어난 연도(년)	595	374	948	394

( )

8 수 카드 5장 중 3장을 사용하여 세 자리 수를 만들려고 합니다. 만들 수 있는 세 자리 수 중에서 둘째로 큰 수와 둘째로 작은 수를 각각 구해 보세요.

1 3 6 0 8

둘째로 큰 수 ( )

둘째로 작은 수 ( )

9 0부터 9까지의 수 중 □ 안에 공통으로 들어갈 수 있는 수를 모두 구해 보세요.

$$893 > 8\square7$$
$$\square48 > 746$$

(   )

서술형 10 다음에서 설명하는 세 자리 수는 모두 몇 개인지 풀이 과정을 쓰고 답을 구해 보세요.

- 684보다 크고 725보다 작습니다.
- 십의 자리 숫자와 일의 자리 숫자가 같습니다.

풀이

답

HIGH LEVEL

1 주어진 수를 보기 와 같이 자릿값을 이용하여 덧셈식으로 나타낼 때, ㉠에 들어갈 수 있는 수 중 가장 큰 수를 구해 보세요.

보기
$$256 = 200 + 50 + 6$$

$$340 = 300 + \boxed{} \qquad 340 > 300 + ㉠$$

(   )

2 10이 10개인 수는 100입니다. 10이 100개인 수는 10이 85개인 수보다 얼마만큼 더 큰 수일까요?

(   )

3 몇씩 뛰어 센 수를 수직선에 나타낸 것입니다. ㉠이 나타내는 수를 구해 보세요.

(   )

여러 가지 도형

삼각형으로
여는 도형
이야기

최초의 다각형, 삼각형

곧은 선으로 둘러싸인 도형을 다각형이라고 합니다. 다각형은 몇 개의 선으로 이루어져 있느냐에 따라 이름이 정해집니다. 예를 들어, 선이 3개인 도형은 삼각형, 선이 4개인 도형은 사각형(선이 5개인 도형은 오각형, 선이 6개인 도형은 육각형, …)이라고 불러요.

그런데 왜 일각형이나 이각형은 없을까요? 직접 다각형을 그려 보면 그 이유를 쉽게 알 수 있습니다. 1개나 2개의 선으로는 절대 다각형을 완성할 수 없거든요.

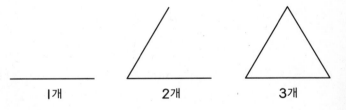

| 1개 | 2개 | 3개 |

다각형을 그리려면 최소한 3개의 곧은 선이 필요합니다. 즉, 삼각형은 곧은 선 3개로 이루어진 최초의 다각형인 셈입니다.

삼각형은 도형의 조물주?

다각형에는 한 가지 공통점이 있습니다. 바로 삼각형 여러 개로 나눌 수 있다는 것입니다. 다음 그림처럼 사각형은 삼각형 2개, 오각형은 삼각형 3개, 육각형은 삼각형 4개, ...로 나눌 수 있습니다.

사각형   오각형   육각형

이를 반대로 생각해 볼까요? 삼각형 2개를 이어 붙이면 사각형이 되고, 삼각형 3개를 붙이면 오각형이 되고, 삼각형 4개를 붙이면 육각형, 삼각형 5개를 붙이면 칠각형이 됩니다. 즉, 삼각형 여러 개를 이어 붙이면 어떤 다각형도 만들어 낼 수 있는 것입니다. 그래서 삼각형을 '도형의 조물주', '기본 도형'이라고도 해요.

칠교놀이

삼각형 조각 5개와 사각형 조각 2개로 이루어진 퍼즐을 아시나요? 바로 7개의 칠교 조각으로 여러 가지 모양을 만드는 칠교놀이입니다.

예로부터 우리 조상들도 칠교놀이를 즐겨 했는데, 때와 장소의 구애를 크게 받지 않아 남녀노소 할 것 없이 널리 즐겼다고 합니다. 손님을 오래 머무르게 하는 놀이판이라고 하여 '유객판'이라고도 불렸으며, 지혜를 짜내 갖가지 모양을 만든다 하여 '지혜의 판'이라고도 했어요. 우리도 7개의 칠교 조각을 맞대어 다양한 모양을 만들어 볼까요?

1 삼각형, 사각형

이름	삼각형	사각형
뜻	3개의 곧은 선으로 둘러싸인 도형	4개의 곧은 선으로 둘러싸인 도형
모양	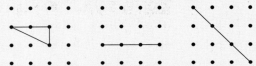	

특징	• 뾰족한 부분이 있습니다.
	• 모든 선이 곧은 선입니다.
	• 곧은 선을 변이라 하고
	  선과 선이 만나는 점을 꼭짓점이라고 합니다.
	• 변이 3개, 꼭짓점이 3개입니다.
		• 뾰족한 부분이 있습니다.
		• 모든 선이 곧은 선입니다.
		• 곧은 선을 변이라 하고
		  선과 선이 만나는 점을 꼭짓점이라고 합니다.
		• 변이 4개, 꼭짓점이 4개입니다.

🔔 주의 개념

❶ 삼각형이 아닌 도형

 ➡ 뾰족한 부분이 없습니다.

 ➡ 선이 연결되지 않았습니다.

 ➡ 굽은 선이 있습니다.

❷ 점판 위에 사각형 그리기

4개의 점으로 사각형을 그릴 때 3개 또는 4개의 점을 나란히 연결하지 않도록 합니다.

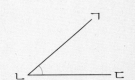

➡ 3개의 점을 나란히 연결하면 삼각형이 되고 4개의 점을 나란히 연결하면 곧은 선이 되어 사각형을 그릴 수 없습니다.

🔗 연결 개념 [평면도형] [다각형]

❶ 다각형

• 각: 오른쪽 그림과 같이 한 점에서 그은 두 개의 곧은 선으로 이루어진 도형

➡ 각 ㄱㄴㄷ 또는 각 ㄷㄴㄱ이라고 읽습니다.

• 다각형: 곧은 선으로만 둘러싸인 도형

• 다각형 분류하기: 변이 ■개, 각이 ■개인 도형 ➡ ■각형

변의 수(개)	3	4	5	6	7	⋯
각의 수(개)	3	4	5	6	7	⋯
모양	△	⬠	⬠	⬡	⬡	⋯
도형의 이름	삼각형	사각형	오각형	육각형	칠각형	⋯

1 서로 다른 삼각형을 2개 그려 보세요.

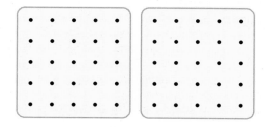

4 그림에서 찾을 수 있는 크고 작은 삼각형은 모두 몇 개일까요?

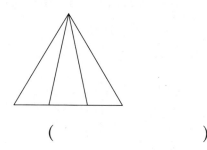

(   )

2 사각형을 모두 찾아 기호를 써 보세요.

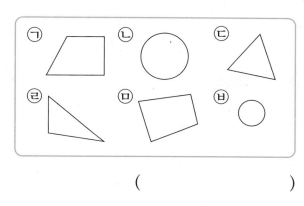

(   )

5 색종이를 점선을 따라 자를 때 만들어지는 도형의 이름을 모두 써 보세요.

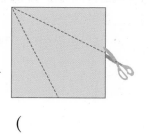

(   )

3 한 꼭짓점만 움직여 모양이 다른 사각형을 만들어 보세요.

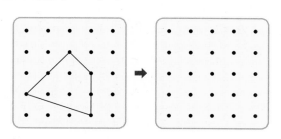

6 삼각형 3개가 만들어지도록 사각형에 곧은 선을 2개 그어 보세요. (단, 점과 점 사이를 이어 곧은 선을 그립니다.)

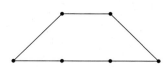

2 원

이름	원
뜻	그림과 같이 동그란 모양의 도형
모양	원에는 변, 꼭짓점이 없습니다.
특징	• 뾰족한 부분이 없습니다. • 곧은 선이 없습니다. → 굽은 선으로 둘러싸여 있습니다. • 크기는 달라도 모양은 모두 같습니다. • 어느 쪽에서 보아도 똑같이 동그란 모양입니다.

원 그리기

• 원 모양의 물건을 본떠 그리기

테두리를 따라 안쪽으로 힘을 주어 그립니다.

• 모양 자에서 원을 찾아 따라 그리기

테두리를 따라 바깥쪽으로 힘을 주어 그립니다.

🚨 주의 개념

❶ 원이 아닌 도형

➡ 선이 연결되지 않았습니다.

➡ 곧은 선이 있습니다.

➡ 보는 방향에 따라 동그란 정도가 다릅니다.

⚡ 실전 개념

❶ 삼각형, 사각형, 원의 변과 꼭짓점의 수 비교하기

도형	삼각형	사각형	원
변의 수(개)	3	4	0
꼭짓점의 수(개)	3	4	0

🔺 연결 개념 [원]

❶ 원(圓): 한 점에서 일정한 거리에 있는 점들로 이루어진 둥근 선

동글 원 ┘ ┌ 한 점을 원의 중심이라고 합니다.

┌ 원의 중심

└ 원의 중심에서 둥근 선까지의 거리는 모두 같습니다.

1 원을 모두 찾아 ○표 하세요.

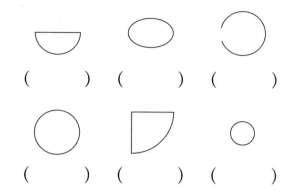

(   )   (   )   (   )

(   )   (   )   (   )

2 본떠서 원을 그릴 수 있는 것을 모두 고르세요. (   )

①   ②   ③

④   ⑤

3 원에 대해 바르게 설명한 사람을 찾아 이름을 써 보세요.

> 지호: 원은 모두 모양이 같아.
> 유나: 원에는 변이 **1**개 있어.
> 서연: 원은 모두 크기가 같아.

(   )

4 원과 삼각형을 보고 빈칸에 알맞은 수를 써넣으세요.

도형	원	삼각형
변의 수(개)		
꼭짓점의 수(개)		

5 원과 사각형에 대한 설명으로 잘못된 것은 어느 것일까요? (   )

① 원에는 변이 없습니다.
② 사각형의 꼭짓점은 **4**개입니다.
③ 원에는 **4**개의 꼭짓점이 있습니다.
④ 사각형의 변은 **4**개입니다.
⑤ 사각형은 곧은 선으로 둘러싸여 있습니다.

6 삼각형, 사각형, 원을 이용하여 그림을 그렸습니다. 가장 많이 이용한 도형의 이름을 쓰고, 몇 개인지 구해 보세요.

(   ), (   )

3 모양 만들기

1 칠교판 알아보기

- 삼각형 **5**개와 사각형 **2**개로 이루어져 있습니다. → 조각은 모두 **7**개입니다.
  ①, ②, ③, ⑤, ⑦   ④, ⑥
- 가장 큰 두 삼각형은 모양과 크기가 같습니다.
  ①, ②
- 가장 작은 두 삼각형은 모양과 크기가 같습니다.
  ③, ⑤
- 두 사각형은 모양이 서로 다릅니다.
  ④, ⑥

2 칠교판으로 모양 만들기

- 칠교 조각으로 여러 가지 도형 만들기 → 길이가 같은 변끼리 만나도록 붙여 도형을 만듭니다.

| 삼각형 | 사각형 | 사각형 | 사각형 |

- 칠교 조각으로 주어진 모양 만들기

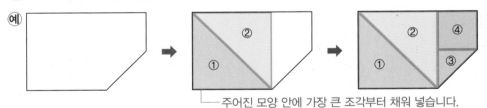

└─ 주어진 모양 안에 가장 큰 조각부터 채워 넣습니다.

1 칠교 조각으로 도형 만들기

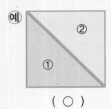 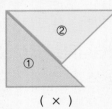

(○)   (×)

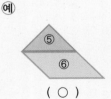

(○)   (×)

칠교 조각으로 도형을 만들 때에는 길이가 같은 변끼리 만나도록 붙여야 합니다.

2 칠교 조각을 다른 조각으로 덮기

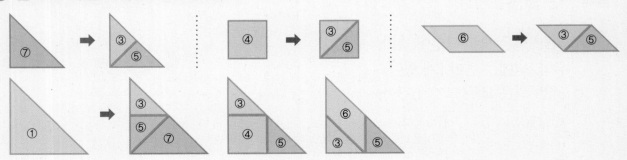

[1~2] 칠교판을 보고 물음에 답하세요.

1 칠교 조각 중에서 삼각형과 사각형은 각각 몇 개일까요?

삼각형 (   )

사각형 (   )

2 칠교 조각의 변 중에서 표시한 변과 길이가 같은 변을 모두 찾아 ○표 하세요.

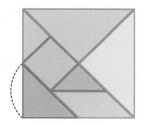

3 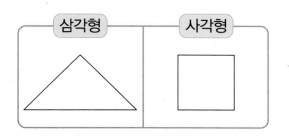 세 조각을 사용하여 다음 도형을 만들어 보세요.

삼각형	사각형

4 칠교 조각을 모두 사용하여 집을 만들려고 합니다. 남은 칠교 조각으로 집의 지붕을 완성해 보세요.

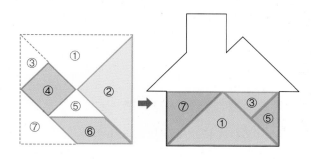

5 칠교판의 네 조각을 사용하여 오른쪽의 사각형을 만들어 보세요.

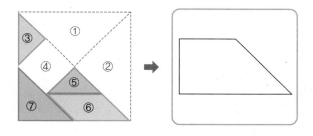

6 칠교판 전체는 칠교판의 가장 작은 삼각형 조각 몇 개로 덮을 수 있을까요?

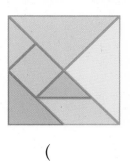

(   )

4 쌓기나무

❶ 쌓은 모양에서 위치 알아보기

내가 보고 있는 쪽이 앞쪽이고 오른손이 있는 쪽이 오른쪽입니다.

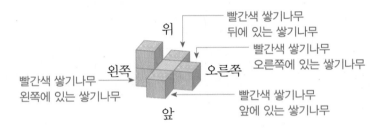

❷ 여러 가지 모양으로 쌓기

• 쌓기나무 3개로 쌓기

• 쌓기나무 4개로 쌓기

• 쌓기나무 5개로 쌓기

• 쌓기나무 6개로 쌓기

이외에도 다양한 방법으로 쌓을 수 있습니다.

⚡ 실전 개념

❶ 쌓기나무의 개수 세는 방법

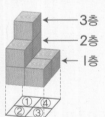

방법1 층별로 세기

➡ 1층에 4개, 2층에 2개, 3층에 1개로 모두 7개입니다.

방법2 자리별로 세기

➡ ①에 3개, ②에 2개, ③에 1개, ④에 1개로 모두 7개입니다.

❷ 쌓기나무를 앞, 옆에서 본 모양 그리기

쌓기나무에서 앞이나 옆에서 보이는 면을 찾아 그립니다.

• 앞에서 본 모양

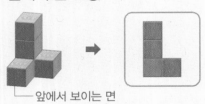

└ 앞에서 보이는 면

• 오른쪽에서 본 모양

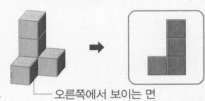

└ 오른쪽에서 보이는 면

1 쌓기나무를 더 높이 쌓을 수 있는 것을 찾아 ○표 하세요.

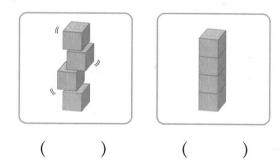

(   )   (   )

2 오른쪽 모양을 보고 알맞은 것에 ○표 하여 문장을 완성해 보세요.

쌓기나무 **3**개를 옆으로 나란히 놓은 다음, 가장 (왼쪽 , 오른쪽) 쌓기나무의 (앞 , 뒤 , 위)에 쌓기나무 **2**개를 놓아 **2**층으로 쌓습니다.

3 왼쪽 모양에 쌓기나무 한 개를 더 쌓아 오른쪽과 똑같은 모양을 만들려고 합니다. 어느 자리에 놓아야 하는지 찾아 기호를 써 보세요.

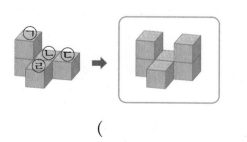

(   )

4 쌓기나무의 수가 다른 하나를 찾아 기호를 써 보세요.

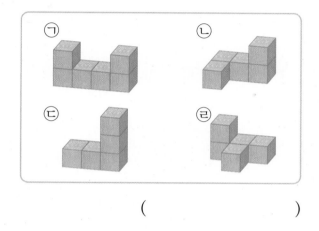

(   )

5 오른쪽 모양에서 쌓기나무 한 개를 옮겨 만들 수 없는 모양을 찾아 기호를 써 보세요.

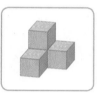

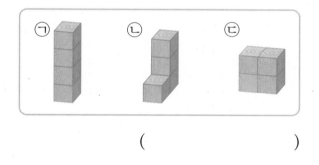

(   )

6 오른쪽 모양을 앞에서 본 모양을 찾아 기호를 써 보세요.

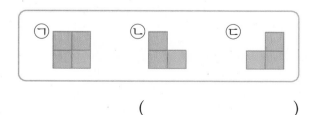

(   )

도형의 변과 꼭짓점의 수 알아보기

심화유형 1

(사각형의 변의 수)+(원의 꼭짓점의 수)−(삼각형의 꼭짓점의 수)는 몇 개일까요?

● 생각하기
· ■각형은 변이 ■개, 꼭짓점이 ■개 있습니다.
· 원은 변과 꼭짓점이 없습니다.

● 해결하기
1단계 사각형의 변의 수, 원의 꼭짓점의 수, 삼각형의 꼭짓점의 수를 각각 알아보기
사각형의 변은 **4**개, 원의 꼭짓점은 **0**개, 삼각형의 꼭짓점은 **3**개입니다.

2단계 알맞은 식 만들기
(사각형의 변의 수)+(원의 꼭짓점의 수)−(삼각형의 꼭짓점의 수)
=4+0−3=1(개)

답 1개

1-1 ㉠+㉡−㉢은 몇 개일까요?

> ㉠ 사각형의 변의 수　　㉡ 삼각형의 꼭짓점의 수　　㉢ 원의 변의 수

(　　　　　　)

1-2 수가 가장 많은 것과 가장 적은 것의 수의 차는 몇 개일까요?

> ㉠ 삼각형의 변의 수　　　　㉡ 사각형의 꼭짓점의 수
> ㉢ 원의 변의 수　　　　　　㉣ 삼각형의 꼭짓점의 수

(　　　　　　)

1-3 (가 도형의 변의 수)−(나 도형의 변의 수)+(다 도형의 꼭짓점의 수)는 몇 개일까요?

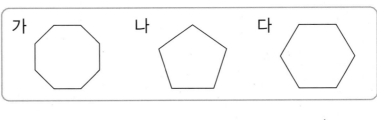

(　　　　　　)

색종이를 접어 만든 도형 알아보기

그림과 같이 색종이를 3번 접었다가 펼친 후 접힌 선을 따라 모두 자르면 어떤 도형이 몇 개 만들어질까요?

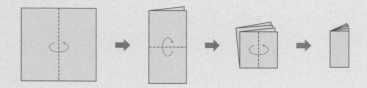

● **생각하기**   접었다가 펼쳤을 때 접힌 선의 모양을 생각합니다.

● **해결하기**   **1단계** 색종이를 접었다가 펼쳤을 때 접힌 선 모두 그려 보기

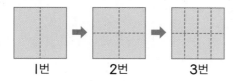

2단계 접힌 선을 따라 모두 잘랐을 때 어떤 도형이 몇 개 만들어지는지 알아보기

➡ 사각형이 **8**개 만들어집니다.

답 사각형, **8**개

2-1   그림과 같이 색종이를 3번 접었다가 펼친 후 접힌 선을 따라 모두 자르면 어떤 도형이 몇 개 만들어질까요?

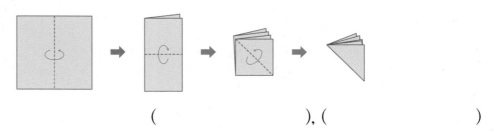

(   ), (   )

2-2   그림과 같이 색종이를 4번 접었다가 펼친 후 접힌 선을 따라 모두 자르면 어떤 도형이 몇 개 만들어질까요?

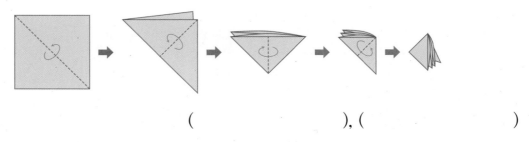

(   ), (   )

MATH TOPIC 3
심화유형

쌓기나무를 똑같은 모양으로 쌓기

왼쪽 모양에 쌓기나무를 더 쌓아 오른쪽과 똑같은 모양을 만들려고 합니다. 더 놓아야 하는 자리를 모두 찾아 기호를 써 보세요.

● 생각하기   왼쪽과 오른쪽 모양의 다른 점을 찾아봅니다.

● 해결하기   **1단계** I층에서 더 놓아야 하는 자리 찾기

I층의 ㉢ 자리에 쌓기나무를 I개 더 놓아야 합니다.

2단계 2층에서 더 놓아야 하는 자리 찾기

2층의 ㉠ 자리에 쌓기나무를 I개 더 놓아야 합니다.

답 ㉠, ㉢

3-1 왼쪽 모양에 쌓기나무를 더 쌓아 오른쪽과 똑같은 모양을 만들려고 합니다. 더 놓아야 하는 자리를 모두 찾아 기호를 써 보세요.

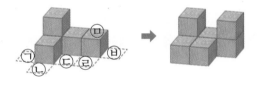

(   )

3-2 왼쪽 모양에서 쌓기나무를 한 개만 옮겨 오른쪽과 똑같은 모양을 만들려고 합니다. 옮겨야 할 쌓기나무를 찾아 기호를 써 보세요.

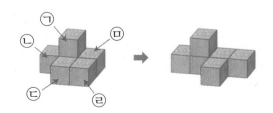

(   )

MATH TOPIC 4
심화유형

크고 작은 도형 찾기

그림에서 찾을 수 있는 크고 작은 삼각형은 모두 몇 개일까요?

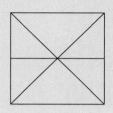

● 생각하기 작은 도형 1개, 2개, 3개로 된 삼각형을 각각 찾아봅니다.

● 해결하기 **1단계** 작은 도형 1개로 된 삼각형 찾기

①, ②, ③, ④, ⑤, ⑥ ➡ **6**개

2단계 작은 도형 2개로 된 삼각형 찾기

①+④, ③+⑥ ➡ **2**개

3단계 작은 도형 3개로 된 삼각형 찾기

①+②+④, ①+④+⑤, ②+③+⑥, ③+⑤+⑥ ➡ **4**개

4단계 크고 작은 삼각형은 모두 몇 개인지 구하기

작은 도형 1개, 2개, 3개로 된 삼각형의 개수를 모두 더합니다.

➡ 6+2+4=12(개)

답 **12**개

4-1 그림에서 찾을 수 있는 크고 작은 사각형은 모두 몇 개일까요?

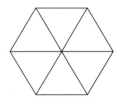

(   )

4-2 그림에서 찾을 수 있는 크고 작은 사각형은 모두 몇 개일까요?

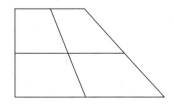

(   )

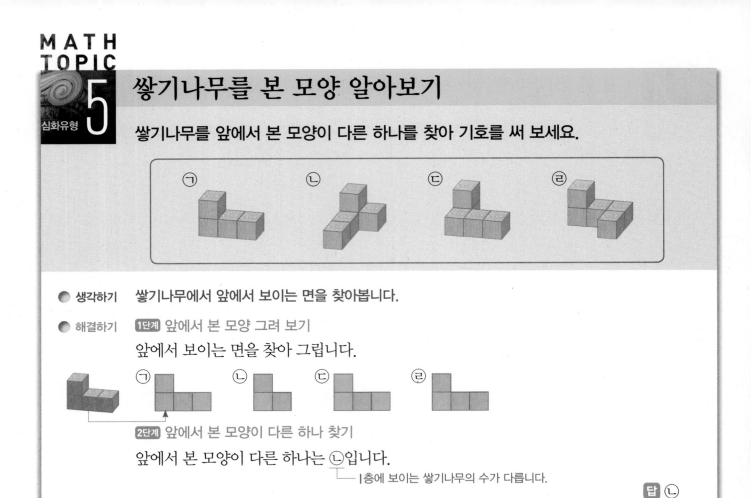

MATH TOPIC 5

심화유형

쌓기나무를 본 모양 알아보기

쌓기나무를 앞에서 본 모양이 다른 하나를 찾아 기호를 써 보세요.

● 생각하기   쌓기나무에서 앞에서 보이는 면을 찾아봅니다.

● 해결하기   1단계 앞에서 본 모양 그려 보기

앞에서 보이는 면을 찾아 그립니다.

2단계 앞에서 본 모양이 다른 하나 찾기

앞에서 본 모양이 다른 하나는 ㉡입니다.
└── 1층에 보이는 쌓기나무의 수가 다릅니다.

답 ㉡

5-1 쌓기나무를 앞에서 본 모양이 다른 하나를 찾아 기호를 써 보세요.

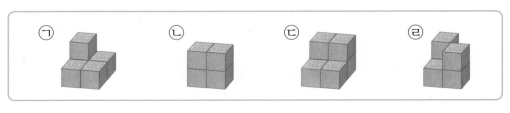

(   )

5-2 쌓기나무를 오른쪽에서 본 모양이 다른 하나를 찾아 기호를 써 보세요.

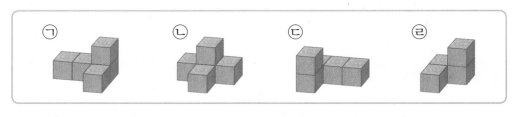

(   )

6 칠교 조각으로 만들 수 없는 도형 찾기

심화유형

주어진 칠교판의 세 조각으로 만들 수 없는 도형을 찾아 기호를 써 보세요.

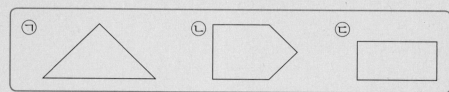

● 생각하기 조각을 길이가 같은 변끼리 만나도록 붙여서 채워 봅니다.

● 해결하기 **1단계** 길이가 같은 변 찾아보기

주어진 세 조각에서 길이가 같은 변을 알아봅니다.

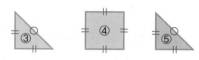

2단계 가장 큰 조각부터 채워 주어진 도형 만들기

각 도형 안에 가장 큰 조각 ④를 먼저 채우고, 길이가 같은 변끼리 만나도록 남은 조각 ③과 ⑤를 채웁니다.

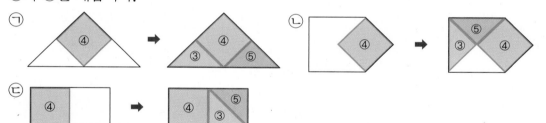

따라서 주어진 세 조각으로 만들 수 없는 도형은 ㉡입니다.

답 ㉡

6-1 주어진 칠교판의 세 조각으로 만들 수 없는 도형을 찾아 기호를 써 보세요.

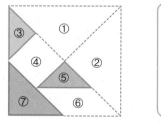

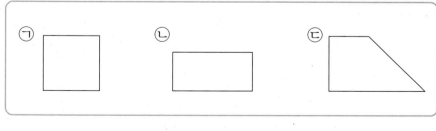

(   )

MATH TOPIC 7

심화유형

칠교 조각으로 도형 만들기

칠교판의 네 조각을 사용하여 오른쪽의 삼각형을 만들어 보세요.

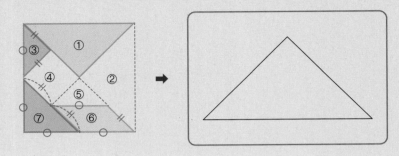

● **생각하기** 가장 큰 조각을 먼저 채워 봅니다.

● **해결하기** **1단계** 길이가 같은 변 찾아보기

주어진 네 조각에서 길이가 같은 변을 알아봅니다.

2단계 가장 큰 조각부터 채워 주어진 삼각형 만들기

삼각형 안에 가장 큰 조각 ①을 먼저 채우고, 길이가 같은 변끼리 만나도록 남은 조각 ③, ⑥, ⑦을 채웁니다.

답 (예)

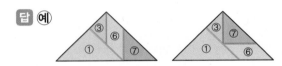

7-1 칠교판의 네 조각을 사용하여 오른쪽 도형을 만들어 보세요.

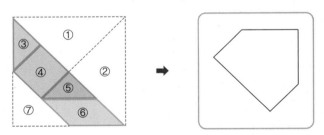

7-2 칠교판의 다섯 조각을 사용하여 오른쪽의 사각형을 만들어 보세요.

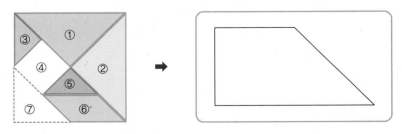

정답과 풀이 18쪽

여러 가지 도형을 활용한 교과통합유형

수학+사회

태극기의 흰 바탕은 밝음과 순수함, 평화를 뜻하고, 한가운데에 있는 태극의 빨간색은 양, 파란색은 음을 나타냅니다. 사방 네 귀퉁이에 그린 '건', '곤', '감', '이'의 4괘는 각각 하늘, 땅, 물, 불을 상징합니다. 태극기 안에서 찾을 수 있는 도형 중 사각형은 원보다 몇 개 더 많을까요? (단, 태극기의 가장 바깥 테두리는 생각하지 않습니다.)

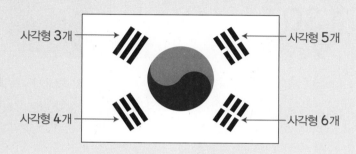

사각형 3개 사각형 5개
사각형 4개 사각형 6개

● 생각하기   태극기 안에서 사각형과 원을 찾아 각각 개수를 세어 봅니다.

● 해결하기   1단계 사각형의 개수와 원의 개수 각각 구하기

사각형은 모두 $3 + 4 + 5 + 6 = 18$(개)이고, 원은 1개입니다.
└── 4괘   └── 태극

2단계 사각형은 원보다 몇 개 더 많은지 구하기

사각형은 원보다 $18 - 1 = $ ☐ (개) 더 많습니다.

답 ☐ 개

수학+체육

8-1
양궁은 일정한 거리만큼 떨어져 있는 과녁을 화살로 쏘아 맞히는 경기입니다. 양궁은 올림픽 종목 중 하나로 우리나라는 양궁 경기에서 매년 많은 메달을 따내며 세계 최고 수준을 자랑하고 있습니다. 오른쪽 양궁 과녁에서 어떤 도형을 몇 개찾을 수 있는지 차례로 써 보세요.

(   ), (   )

1

수학+사회

교통안전 표지판은 주의, 지시, 안내 사항 등을 기호, 문자, 그림, 선으로 나타낸 것입니다. 이들은 안전과 원활한 교통 소통을 위해 꼭 필요합니다. 다음은 교통안전 표지판의 테두리를 따라 곧은 선으로 그린 도형입니다. 네 도형의 변의 수의 합은 몇 개인지 구해 보세요.

| 속도 제한 | 위험 | 어린이 승하차를 위해 주정차하는 장소 | 신호 준수 |

(   )

2 다음 도형에 곧은 선을 2개 그어 잘랐을 때 삼각형 3개와 사각형 1개가 되도록 선을 그어 보세요.

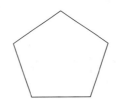

서술형 **3** 변의 수와 꼭짓점의 수의 합이 8개인 도형의 이름을 쓰려고 합니다. 풀이 과정을 쓰고 답을 구해 보세요.

풀이 ....

....

....

답 ....

4 오른쪽의 점 중에서 4개의 점을 꼭짓점으로 하여 만들 수 있는 사각형은 모두 몇 개일까요?

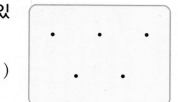

(   )

5 그림과 같이 원 모양 색종이를 2번 접고 빨간색 점선을 따라 가위로 잘랐습니다. 색종이를 다시 펼치면 어떤 도형이 될까요?

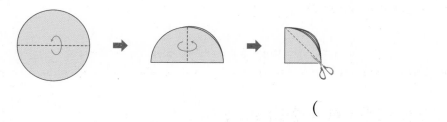

(   )

6 다음 조건에 맞는 모양을 찾아 기호를 써 보세요.

> • 원이 사각형 밖에 있습니다.
> • 삼각형의 한 변의 길이가 사각형의 한 변의 길이와 같습니다.

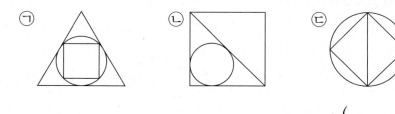

(   )

7 보기 의 쌓기나무 중 한 개를 옮겨 만들 수 없는 모양은 어느 것일까요? (   )

보기
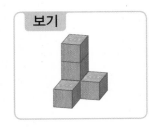

①

②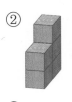

③

④

⑤

8 위에서 보았을 때 쌓기나무가 3개 보이는 것을 모두 찾아 기호를 써 보세요.

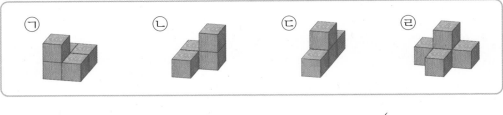

(   )

STEAM형
■■●▲ **9**

수학+미술

오른쪽 그림은 네덜란드의 화가 몬드리안의 작품입니다. 몬드리안은 선과 색, 형태만으로 작품을 구성하였는데, 주로 검은색 가로선과 세로선으로 공간을 나누고 면을 채색하였습니다. 오른쪽 작품을 보고, 그림에서 찾을 수 있는 크고 작은 사각형은 모두 몇 개인지 구해 보세요. (단, 검은색 부분은 선으로 생각합니다.)

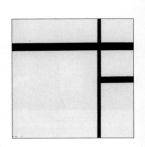

(   )

10 주어진 칠교판의 네 조각 중 세 조각만으로도 만들 수 있는 모양을 찾아 기호를 써 보세요.

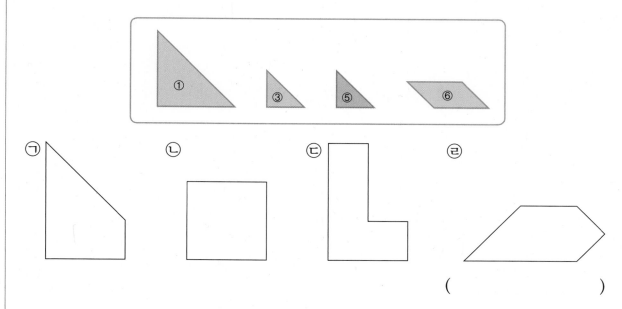

(   )

11 칠교판에서 다섯 조각을 골라 사용하여 오른쪽 사각형을 만들어 보세요.

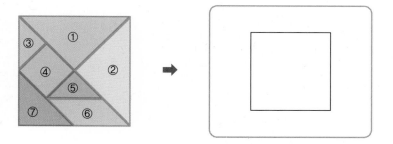

1 다음 칠교판의 세 조각을 모두 사용하여 사각형을 만들려고 합니다. 모두 몇 가지 모양을 만들 수 있을까요? (단, 돌리거나 뒤집어서 같은 모양은 같은 것으로 생각합니다.)

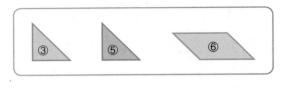

(   )

2 쌓기나무를 위, 앞, 오른쪽에서 본 모양입니다. 어떤 쌓기나무를 본 그림인지 찾아 기호를 써 보세요.

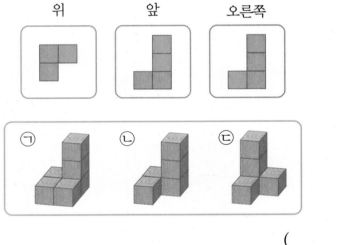

(   )

덧셈과 뺄셈

덧셈을
더 쉽게 하는
방법

덧셈왕, 가우스

독일의 수학자 가우스는 수많은 수학자들 가운데서도 '수학의 왕', '수학의 아버지'라고 불릴 정도로 위대한 수학자입니다. 어렸을 때부터 남다른 실력을 보였던 가우스는 평생 많은 일화를 남겼어요. 다음 이야기는 그중 열 살 때 있었던 일입니다. 초등학교 수업 시간, 가우스의 선생님은 칠판에 긴 덧셈식 하나를 적으셨습니다.
바로 1부터 100까지 더하는 문제였어요.

$$1+2+3+4+5+\cdots+100=?$$

이 문제는 10살짜리 학생들이 풀기에는 상당히 지루한 계산이었습니다. 앞에서부터 두 수씩 차례대로 모두 99번의 덧셈을 해야 했으니까요. 대부분의 학생들은 1+2=3, 3+3=6, 6+4=10, ...의 순서로 끙끙거리며 긴 계산을 시작했습니다.

그런데 얼마 지나지 않아 가우스가 벌떡 일어나 답을 외쳤습니다. 선생님은 깜짝 놀랐어요. 가우스가 정답을 맞혔기 때문입니다. 도대체 가우스는 어떻게 빠르고 정확하게 덧셈 문제를 풀었을까요?

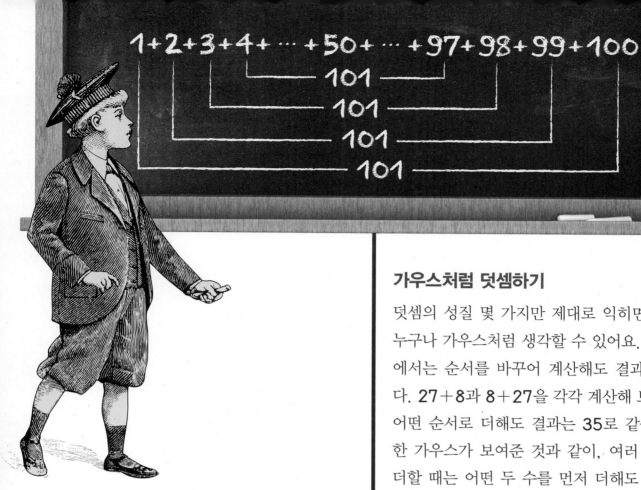

$$1+2+3+4+\cdots+50+\cdots+97+98+99+100$$

101
101
101
101

가우스처럼 덧셈하기

덧셈의 성질 몇 가지만 제대로 익히면 여러분도 누구나 가우스처럼 생각할 수 있어요. 먼저 덧셈에서는 순서를 바꾸어 계산해도 결과가 같습니다. 27＋8과 8＋27을 각각 계산해 보세요. 어떤 순서로 더해도 결과는 35로 같습니다. 또한 가우스가 보여준 것과 같이, 여러 개의 수를 더할 때는 어떤 두 수를 먼저 더해도 결과가 같습니다.

자, 59＋16＋4의 계산을 하려고 합니다. 둘 중에 어떤 방법을 선택할 건가요?

$$59+16+4=79$$
75
79

$$59+16+4=79$$
20
79

가우스는 1부터 100까지의 수 중 양 끝의 수를 차례로 둘씩 짝지어 그 합을 생각했습니다. 그리고 1과 100, 2와 99, 3과 98, 4와 97, 5와 96, …의 합이 각각 101이 된다는 사실을 발견했습니다. 그 후 가우스가 한 일은 101이 몇 번 있는지를 따져서 101을 연속하여 더한 것뿐이었어요. 수의 규칙을 찾아 빠르고 간편하게 정확한 덧셈을 해낸 가우스, 정말 대단하지 않나요?

어떤 두 수를 먼저 계산해도 답은 똑같이 79가 됩니다. 하지만 세 수 중 합이 20이 되는 두 수 16과 4를 먼저 더한 다음 59를 더하면 더 쉽게 답을 구할 수 있어요. 어때요? 합이 몇십이 되는 두 수를 먼저 더하면 훨씬 편리하게 계산할 수 있지요?

1 두 자리 수의 덧셈

❶ 여러 가지 방법으로 덧셈하기

• 39＋25의 계산

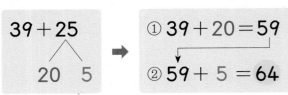

┌ 받아올림을 안 해도 되는 방법입니다.

방법1 25를 20과 5로 나누어 더하기

$$39＋25$$
$$20 \quad 5$$

➡

① 39＋20＝59
② 59＋ 5 ＝64

20을 먼저 더한 다음
5를 더합니다.

방법2 39 대신 40을 더하기

39＋25
└＋1
40＋25＝65

1을 더 더했으므로

➡

39＋25＝64
　　　　　↑－1
40＋25＝65

다시 1을 뺍니다.

❷ 받아올림이 있는 두 자리 수의 덧셈

같은 자리 수끼리의 합이 10이거나 10보다 크면 바로 윗자리로 1을 받아올림합니다.
└──── 자리마다 나타내는 수가 다르므로 같은 자리 수끼리 계산합니다.

• 17＋28의 계산

```
  1
  1 7
+ 2 8
───────
    5
```
➡
```
  1
  1 7
+ 2 8
───────
  4 5
```

• 92＋43의 계산

```
  1
  9 2
+   4 3
───────
    3 5
```
➡
```
  1
  9 2
+   4 3
───────
1 3 5
```

⚡ **실전 개념**

❶ 합이 가장 크게 되는 (두 자리 수)＋(두 자리 수) 만들기

8 　 5 　 3 　 4

① 가장 큰 수 8과 둘째로 큰 수 5를 각각 <u>십의 자리</u>에 놓습니다.
└── 십의 자리의 자릿값이 일의 자리의 자릿값보다 더 크기 때문입니다.

➡ 8 ▢ ＋ 5 ▢

② 나머지 수 3과 4를 각각 일의 자리에 놓습니다.

➡ 8 3 ＋ 5 4 ＝137 → 84＋53으로 만들어도 결과는 137로 같습니다.

❷ 덧셈식에서 모르는 수 구하기

```
  3 ㉠
+ ㉡ 4
───────
  7 0
```

① ㉠＋4＝10에서 ㉠＝6입니다.
└→ 더한 수 4보다 더한 결과의 일의 자리 수인 0이 더 작으므로 받아올림했다는 것을 알 수 있습니다.

② 일의 자리 계산에서 1을 받아올림했으므로 십의 자리 계산은
　 1＋3＋㉡＝7입니다. 따라서 ㉡＝3입니다.

③ ㉠과 ㉡에 수를 넣어 계산이 맞는지 확인합니다. ➡ 36＋34＝70

1 덧셈을 해 보세요.

(1) 38 + 6

(2) 49 + 7

2 □ 안에 알맞은 수를 써넣어 28 + 39를 여러 가지 방법으로 계산해 보세요.

방법 1

39를 30과 □ (으)로 생각하여 28 에 30을 먼저 더하고 □ 을/를 더 합니다.

방법 2

39를 40보다 □ 만큼 더 작은 수 로 생각하여 28에 40을 더하고 □ 을/를 뺍니다.

3 빈칸에 알맞은 수를 써넣으세요.

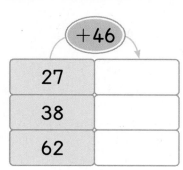

+46

27	
38	
62	

4 왼쪽 계산이 잘못된 까닭을 쓰고 바르게 계산해 보세요.

잘못된 계산
6 5
+ 8 2
4 7

바른 계산

까닭 _____

_____

5 계산 결과가 큰 것부터 차례로 기호를 써 보세요.

㉠ 73 + 7
㉡ 56 + 26
㉢ 44 + 39

( )

6 현웅이는 줄넘기를 했습니다. 첫째 날은 41번 넘었고, 둘째 날은 49번 넘었다면 이틀 동안 모두 몇 번 넘었을까요?

( )

2 두 자리 수의 뺄셈

❶ 여러 가지 방법으로 뺄셈하기

• 45 − 19의 계산 ┌─ 일의 자리 수를 같게 만들어 빼는 방법입니다. ┌─ 받아내림을 안 해도 되는 방법입니다.

방법1 19를 15와 4로 나누어 차례로 빼기

방법2 19 대신 20을 빼기

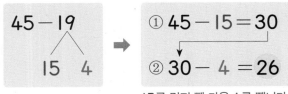

$$45 - 19$$
$$15 \quad 4$$

➡

① $45 - 15 = 30$
② $30 - 4 = 26$

15를 먼저 뺀 다음 4를 뺍니다.

$$45 - 19$$
$$\downarrow +1$$
$$45 - 20 = 25$$

➡

$$45 - 19 = 26$$
$$\uparrow +1$$
$$45 - 20 = 25$$

1을 더 뺐으므로

다시 1을 더합니다.

❷ 받아내림이 있는 두 자리 수의 뺄셈

일의 자리 수끼리 뺄 수 없으면 십의 자리에서 10을 받아내림합니다.

• 47 − 8의 계산

$$\begin{array}{r} 3\ 10 \\ \not4\ 7 \\ -\quad 8 \\ \hline 9 \end{array}$$

➡

$$\begin{array}{r} 3\ 10 \\ \not4\ 7 \\ -\quad 8 \\ \hline 3\ 9 \end{array}$$

• 52 − 27의 계산

$$\begin{array}{r} 4\ 10 \\ 5\ 2 \\ -\ 2\ 7 \\ \hline 5 \end{array}$$

➡

$$\begin{array}{r} 4\ 10 \\ 5\ 2 \\ -\ 2\ 7 \\ \hline 2\ 5 \end{array}$$

⚡ 실전 개념

❶ 차가 가장 작게 되는 (두 자리 수)−(두 자리 수) 만들기

| 7 | 6 | 1 | 4 |

① 차가 가장 작은 두 수 7과 6을 각각 십의 자리에 놓습니다.

➡ 7 ㉠ − 6 ㉡

② 나머지 수 중 더 작은 수 1을 ㉠에 놓고, 더 큰 수 4를 ㉡에 놓습니다.

➡ 7 1 − 6 4 = 7

└→ 74 − 61 = 13이 되므로
차가 가장 작은 경우가 아닙니다.

🔗 연결 개념 [세 자리 수의 뺄셈]

❶ (세 자리 수)−(두 자리 수)

같은 자리 수끼리 뺄 수 없을 때에는 항상 바로 윗자리에서 받아내림합니다.

(두 자리 수)−(한 자리 수)	(세 자리 수)−(두 자리 수)
┌─ 실제로 20을 나타냅니다. $\begin{array}{r} 2\ 10 \\ \not3\ 5 \\ -\quad 7 \\ \hline 2\ 8 \end{array}$	┌─ 실제로 200을 나타냅니다. $\begin{array}{r} 2\ 10 \\ \not3\ 5\ 4 \\ -\quad 7\ 1 \\ \hline 2\ 8\ 3 \end{array}$ ← 실제로 100을 나타냅니다.

1 빈칸에 두 수의 차를 써넣으세요.

40	7

2 □ 안에 알맞은 수를 써넣어 82 − 49를 여러 가지 방법으로 계산해 보세요.

방법1

$$82 - 49$$
$$= 82 - 50 + \boxed{} = \boxed{}$$

방법2

$$82 - 49$$
$$= 82 - 42 - \boxed{} = \boxed{}$$

3 빈칸에 알맞은 수를 써넣으세요.

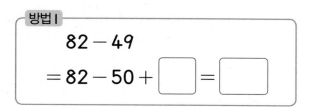

4 다음 계산에서 6이 실제로 나타내는 수는 얼마인지 설명해 보세요.

$$\begin{array}{r} {}^{6}\!\!\not{7}\,{}^{10}\!\!\not{0} \\ -\ 3\ 9 \\ \hline 3\ 1 \end{array}$$

설명 ....

....

5 다음 수 중 차가 17이 되는 두 수를 찾아 ○표 하세요.

56	29	46	38

6 재희네 사육장에는 닭이 58마리, 오리가 75마리 있습니다. 오리는 닭보다 몇 마리 더 많을까요?

( )

3 세 수의 계산, 덧셈과 뺄셈의 관계

❶ 세 수의 계산

앞에서부터 두 수씩 차례로 계산합니다.

$$29 + 57 - 38 = 48$$

①
$$\begin{array}{r} \overset{1}{2}9 \\ +57 \\ \hline 86 \end{array}$$

86

48

②
$$\begin{array}{r} \overset{7\ 10}{8\,6} \\ -38 \\ \hline 48 \end{array}$$

$$75 - 36 + 19 = 58$$

①
$$\begin{array}{r} \overset{6\ 10}{7\,5} \\ -36 \\ \hline 39 \end{array}$$

39

58

②
$$\begin{array}{r} \overset{1}{3}9 \\ +19 \\ \hline 58 \end{array}$$

세 수의 계산은 두 수의 계산을 연달아 하는 것과 같습니다.

❷ 덧셈과 뺄셈의 관계

전체와 부분을 나타내는 세 수로 네 가지 식을 만들 수 있습니다.

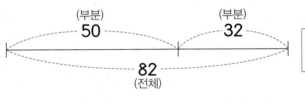

(부분) 50   (부분) 32   (전체) 82

전체가 나오도록 더합니다.

덧셈식	$50 + 32 = 82$	$32 + 50 = 82$
뺄셈식	$82 - 50 = 32$	$82 - 32 = 50$

전체에서 부분을 뺍니다.

⚡ 실전 개념

❶ 크기를 비교하여 모르는 수 구하기

• $36 + 2\blacksquare < 60$

$36 + 2\blacksquare = 60$으로 생각하기

$$36 + 2\blacksquare = 60$$
$$2\blacksquare = 60 - 36$$
$$2\blacksquare = 24$$

➡

$36 + 2\blacksquare < 60$일 때 ■에 들어갈 수 있는 수 구하기

$36 + 24 = 60$이므로 $36 + 2\blacksquare$가 60보다 작으려면 ■는 4보다 작아야 합니다.

따라서 ■에 들어갈 수 있는 수는 0, 1, 2, 3입니다.

💭 사고력 개념

❶ 편리한 방법으로 세 수의 덧셈하기

세로셈으로 한꺼번에 더하기	더하기 쉬운 두 수를 먼저 더하기
$$\begin{array}{r} 2 \\ 29 \\ 37 \\ +18 \\ \hline 84 \end{array}$$ 받아올림한 수는 2가 될 수도 있습니다. └ $9 + 7 + 8 = 24$	$58 + 25 + 25 = 108$ 50 / 108 몇십이 되는 두 수를 먼저 더하면 더 쉽게 계산할 수 있습니다.

1 계산해 보세요.

(1) $26 + 9 + 17$

(2) $61 - 19 - 27$

2 $57 + 39 + 1$을 계산하는 두 가지 방법입니다. □ 안에 알맞은 수를 써넣으세요.

방법1 $57 + 39 + 1 =$ □

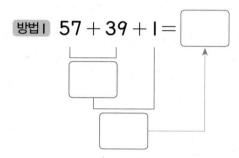

방법2 $57 + 39 + 1 =$ □

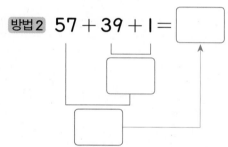

3 수직선을 보고 덧셈식을 완성한 다음, 뺄셈식으로 나타내 보세요.

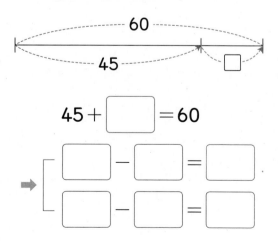

$45 +$ □ $= 60$

□ $-$ □ $=$ □

□ $-$ □ $=$ □

4 세 수를 이용하여 뺄셈식을 완성하고, 덧셈식으로 나타내 보세요.

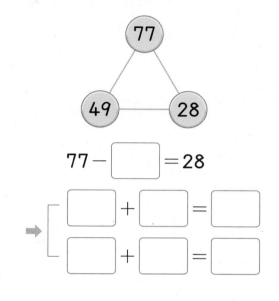

$77 -$ □ $= 28$

□ $+$ □ $=$ □

□ $+$ □ $=$ □

5 □ 안에 알맞은 수를 써넣으세요.

(1) $91 - 37 =$ □

$37 +$ □ $= 91$

(2) $45 + 48 =$ □

$93 -$ □ $= 45$

6 재원이가 농장에서 방울토마토를 64개 땄습니다. 이 중 8개를 먹고 15개를 더 땄다면 재원이가 지금 가지고 있는 방울토마토는 몇 개일까요?

( )

4 □의 값 구하기

❶ □를 사용하여 식으로 나타내기

모르는 수를 □로 하여 식으로 나타냅니다.

• 더한 수를 모르는 경우

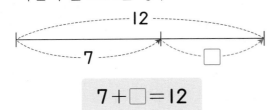

$$7+\square=12$$

더한 수를 □로 하여 덧셈식으로 나타냅니다.

• 뺀 수를 모르는 경우

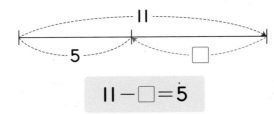

$$11-\square=5$$

뺀 수를 □로 하여 뺄셈식으로 나타냅니다.

❷ □의 값 구하기

모르는 수가 답이 되도록 식을 바꾸어 □의 값을 구합니다.

• 더한 수를 모르는 경우

$$7+\square=12$$
$$12-7=\square$$
$$\square=5$$

• 뺀 수를 모르는 경우

$$11-\square=5$$
$$11-5=\square$$
$$\square=6$$

• 빼기 전 수를 모르는 경우

$$\square-6=14$$
$$14+6=\square$$
$$\square=20$$

📖 배경 지식

❶ =(등호)가 나타내는 뜻

=는 =의 양쪽에 있는 값이 같음을 나타내는 기호입니다.

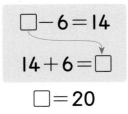

➡ 따라서 $7+\square$의 값이 12와 같아지는 □의 값을 구해야 합니다.

⚡ 실전 개념

❶ 모르는 수가 2개인 경우 문제 해결하기

• $\blacksquare+\blacktriangle=25$, $\blacktriangle+14=33$

모르는 수가 한 개인 식에서 구하기	구한 수를 이용하여 나머지 수 구하기
$\blacktriangle+14=33$ ➡ $33-14=\blacktriangle$ ➡ $\blacktriangle=19$	$\blacktriangle=19$이므로 $\blacksquare+\underset{19}{\blacktriangle}=25$의 ▲에 19를 넣습니다. $\blacksquare+19=25$ ➡ $25-19=\blacksquare$ ➡ $\blacksquare=6$

BASIC TEST

1 그림을 보고 □를 사용하여 알맞은 식을 써 보세요.

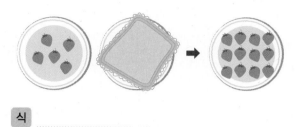

식 ....

2 수직선을 보고 □를 사용하여 알맞은 식을 써 보세요.

76
57
□

식 ....

3 주어진 식을 □가 답이 되는 식으로 나타 내고 □의 값을 구해 보세요.

□＋37＝93

식 ....

답 ....

4 □의 값을 구해 보세요.

80－□＝39

( )

5 승연이는 어제 위인전을 27쪽 읽었습니 다. 오늘 몇 쪽을 더 읽어서 이틀 동안 모 두 51쪽을 읽었다면 오늘 읽은 위인전은 몇 쪽일까요?

( )

6 어떤 수에 36을 더해야 할 것을 잘못하 여 뺐더니 27이 되었습니다. 바르게 계산 한 값을 구해 보세요.

( )

세로셈에서 빈칸 채우기

㉠, ㉡에 알맞은 수를 구해 보세요.

$$\begin{array}{r} ㉠\ 3 \\ +\ 3\ ㉡ \\ \hline 8\ 0 \end{array}$$

● 생각하기 일의 자리를 먼저 계산하고 받아올림에 주의하여 십의 자리를 계산합니다.

● 해결하기 **1단계** 일의 자리에서 모르는 수 구하기

일의 자리 계산에서 $3+㉡=0$이 되는 ㉡은 없으므로 십의 자리로 1을 받아올림한 것을 알 수 있습니다.

➡ $3+㉡=10$, $㉡=7$

2단계 십의 자리에서 모르는 수 구하기

십의 자리 계산은 받아올림한 1을 함께 더합니다.

➡ $1+㉠+3=8$, $㉠=4$

답 ㉠: 4, ㉡: 7

1-1 ㉠, ㉡, ㉢에 알맞은 수를 구해 보세요.

$$\begin{array}{r} ㉠\ 4 \\ +\quad 5\ ㉡ \\ \hline ㉢\ 2\ 7 \end{array}$$

㉠ (　　　　　　)
㉡ (　　　　　　)
㉢ (　　　　　　)

1-2 ㉠, ㉡에 알맞은 수를 구해 보세요.

$$\begin{array}{r} ㉠\ 1 \\ -\ 1\ ㉡ \\ \hline 4\ 3 \end{array}$$

㉠ (　　　　　　)
㉡ (　　　　　　)

심화유형 2 수 카드를 이용하여 뺄셈하기

수 카드로 만들 수 있는 두 자리 수 중에서 십의 자리 숫자가 8인 가장 작은 수와 십의 자리 숫자가 4인 가장 큰 수의 차를 구해 보세요.

● 생각하기   ·십의 자리 숫자가 8인 두 자리 수 ➡ 8☐
　　　　　　 ·십의 자리 숫자가 4인 두 자리 수 ➡ 4☐

● 해결하기   **1단계** 십의 자리 숫자가 8인 가장 작은 수 만들기
　　　　　　 십의 자리 숫자가 8인 두 자리 수 8☐의 일의 자리에 가장 작은 수 2를 놓습니다.
　　　　　　 ➡ 82

　　　　　　 2단계 십의 자리 숫자가 4인 가장 큰 수 만들기
　　　　　　 십의 자리 숫자가 4인 두 자리 수 4☐의 일의 자리에 가장 큰 수 9를 놓습니다.
　　　　　　 ➡ 49

　　　　　　 3단계 두 수의 차 구하기
　　　　　　 따라서 두 수의 차는 82 − 49 = 33입니다.

답 33

2-1 수 카드로 만들 수 있는 두 자리 수 중에서 십의 자리 숫자가 6인 가장 작은 수와 십의 자리 숫자가 3인 가장 큰 수의 차를 구해 보세요.

⟨5⟩ ⟨3⟩ ⟨8⟩ ⟨1⟩ ⟨6⟩

(　　　　　　　)

2-2 수 카드로 만들 수 있는 두 자리 수 중에서 일의 자리 숫자가 5인 가장 큰 수와 일의 자리 숫자가 7인 가장 작은 수의 차를 구해 보세요.

⟨7⟩ ⟨2⟩ ⟨4⟩ ⟨5⟩ ⟨9⟩

(　　　　　　　)

조건에 맞는 덧셈식 만들기

수 카드 2 , 7 , 8 , 9 를 한 번씩 사용하여 오른쪽
식의 합이 가장 크게 되도록 만들고 계산해 보세요.

● 생각하기   합이 가장 크게 되려면 십의 자리에 큰 수들을 놓아야 합니다. ┐

십의 자리가 일의 자리보다 더 큰 수를
나타내기 때문입니다.

● 해결하기   1단계 십의 자리에 수 카드 놓기

가장 큰 수 9와 둘째로 큰 수 8을 각각 십의 자리에 놓습니다.

➡
```
  9 □
+ 8 □
```

2단계 일의 자리에 수 카드 놓고 계산하기

나머지 수 2와 7을 각각 일의 자리에 놓습니다.

➡
```
  1
  9 2
+ 8 7      또는
  1 7 9
```
```
  1
  9 7
+ 8 2
  1 7 9
```

답
```
  1
  9 2
+ 8 7      또는
  1 7 9
```
```
  1
  9 7
+ 8 2
  1 7 9
```

3-1   수 카드 3 , 5 , 7 , 8 을 한 번씩 사용하여 오른쪽
식의 합이 가장 크게 되도록 만들고 계산해 보세요.

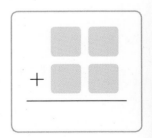

3-2   수 카드 1 , 6 , 7 , 5 를 한 번씩 사용하여 오른쪽
식의 합이 가장 작게 되도록 만들고 계산해 보세요.

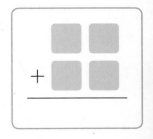

MATH TOPIC 4
심화유형

모르는 수 구하기

빨간색 카드에 적힌 두 수의 합과 파란색 카드에 적힌 두 수의 합이 같다면 뒤집
어진 빨간색 카드에 적힌 수는 얼마인지 구해 보세요.

● **생각하기** $\square + \blacktriangle = \bigstar \Rightarrow \bigstar - \blacktriangle = \square$

● **해결하기** **1단계** 파란색 카드에 적힌 두 수의 합 구하기

파란색 카드에 적힌 두 수의 합은 $44 + 48 = 92$입니다.

2단계 뒤집어진 빨간색 카드에 적힌 수 구하기

빨간색 카드에 적힌 두 수의 합도 92이므로 모르는 수를 $\square$로 하여 덧셈식으로 나타
내면 $\square + 29 = 92 \Rightarrow 92 - 29 = \square$, $\square = 63$입니다.
따라서 뒤집어진 빨간색 카드에 적힌 수는 63입니다.

답 63

4-1 초록색 카드에 적힌 두 수의 합과 노란색 카드에 적힌 두 수의 합이 같다면 뒤집어진
초록색 카드에 적힌 수는 얼마인지 구해 보세요.

$$\boxed{46} \quad \boxed{} \quad \boxed{61} \quad \boxed{19}$$

(   )

4-2 분홍색 카드에 적힌 두 수의 차와 보라색 카드에 적힌 두 수의 차가 같다면 뒤집어진
보라색 카드에 적힌 수는 얼마인지 구해 보세요. (단, 뒤집어진 보라색 카드에 적힌 수
는 43보다 큽니다.)

$$\boxed{54} \quad \boxed{} \quad \boxed{18} \quad \boxed{43}$$

(   )

바르게 계산한 값 구하기

어떤 수에 17을 더해야 할 것을 잘못하여 뺐더니 49가 되었습니다. 바르게 계산한 값을 구해 보세요.

● 생각하기 잘못 계산한 식을 이용하여 어떤 수를 구할 수 있습니다.

● 해결하기 **1단계** 어떤 수 구하기

어떤 수를 □로 하여 잘못 계산한 식을 쓰면 $□-17=49$입니다.

$□-17=49 ➡ 49+17=□, □=66$

어떤 수는 66입니다.

2단계 바르게 계산한 값 구하기

어떤 수가 66이므로 바르게 계산하면 $66+17=83$입니다.

답 83

5-1 어떤 수에 26을 더해야 할 것을 잘못하여 뺐더니 28이 되었습니다. 바르게 계산한 값을 구해 보세요.

( )

5-2 어떤 수에 35를 더해야 할 것을 잘못하여 뺐더니 57이 되었습니다. 바르게 계산한 값을 구해 보세요.

( )

5-3 어떤 수에서 29를 빼야 할 것을 잘못하여 더했더니 71이 되었습니다. 바르게 계산한 값을 구해 보세요.

( )

크기를 비교하여 모르는 수 구하기

심화유형 6

십의 자리 숫자가 6인 수 중 □ 안에 들어갈 수 있는 두 자리 수를 모두 구해 보세요.

$$24 + \square > 91$$

● 생각하기 $24 + \square = 91$로 만들어 생각해 봅니다.

● 해결하기   **1단계** $24 + \square = 91$일 때 □ 안에 들어갈 수 구하기

$24 + \square = 91 \Rightarrow 91 - 24 = \square$

$91 - 24 = 67$이므로 $\square = 67$입니다.

2단계 $24 + \square > 91$일 때 □ 안에 들어갈 수 모두 구하기

$24 + 67 = 91$이므로 $24 + \square$가 91보다 크려면 □ 안에 67보다 큰 수가 들어가야 합니다.

따라서 십의 자리 숫자가 6인 두 자리 수 중 □ 안에 들어갈 수 있는 수는 68, 69입니다.

답 68, 69

6-1   십의 자리 숫자가 2인 수 중 □ 안에 들어갈 수 있는 수를 모두 구해 보세요.

$$36 + \square < 60$$

(   )

6-2   십의 자리 숫자가 1인 수 중 □ 안에 들어갈 수 있는 수를 모두 구해 보세요.

$$54 - \square < 38$$

(   )

조건에 맞는 세 수의 계산식 만들기

다음과 같은 4장의 수 카드가 있습니다. 이 중에서 3장을 골라 세 수의 합이 80이 되는 덧셈식을 만들어 보세요.

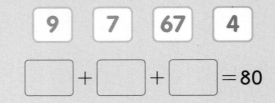

$$\boxed{} + \boxed{} + \boxed{} = 80$$

● 생각하기   반드시 들어가야 할 수를 먼저 찾아봅니다.

● 해결하기   **1단계** 반드시 들어가야 할 수 찾기

세 수의 합이 **80**이 되려면 가장 큰 수인 **67**이 반드시 들어가야 합니다.

2단계 나머지 두 수 구하기

67 + □ + □ = 80에서 □ + □ = 80 − 67이므로 □ + □ = 13입니다.

9, 7, 4 중에서 합이 13이 되는 두 수는 9와 4이므로 나머지 두 수는 9, 4입니다.

더하는 순서를 바꾸어도 결과가 같으므로 순서에 상관없이 □ 안에 67, 9, 4를 쓰면 됩니다.

답 예 67 + 9 + 4 = 80

7-1 다음과 같은 4장의 수 카드가 있습니다. 이 중에서 3장을 골라 세 수의 합이 52가 되는 덧셈식을 만들어 보세요.

$$\boxed{5} \quad \boxed{6} \quad \boxed{39} \quad \boxed{7}$$

$$\boxed{} + \boxed{} + \boxed{} = 52$$

7-2 3장의 수 카드를 □ 안에 한 번씩 써넣어 계산 결과가 56이 되는 식을 만들어 보세요.

$$\boxed{26} \quad \boxed{33} \quad \boxed{49}$$

$$\boxed{} + \boxed{} - \boxed{} = 56$$

MATH TOPIC 8

심화유형

덧셈과 뺄셈을 활용한 교과통합유형

수학+과학

태풍은 폭풍우를 동반한 매우 센 바람으로 북태평양 남서부에서 발생하여 여름과 가을에 우리나라 쪽으로 불어와 큰 피해를 입히곤 합니다. 2010년부터 2015년 사이에 일어난 태풍의 횟수를 조사했더니 여름에 발생한 횟수가 60번이었고, 가을에 발생한 횟수는 여름에 발생한 횟수보다 3번 더 적었습니다. 조사한 기간의 여름과 가을에 발생한 태풍의 횟수는 모두 몇 번일까요?

● 생각하기   여름에 발생한 횟수를 이용하여 가을에 발생한 횟수를 구합니다.

● 해결하기   **1단계** 가을에 발생한 태풍의 횟수 구하기

(가을에 발생한 횟수)=(여름에 발생한 횟수)−3=60−3=57(번)

2단계 전체 태풍의 횟수 구하기

(전체 태풍의 횟수)=(여름에 발생한 횟수)+(가을에 발생한 횟수)

$$=60+57=\boxed{}(번)$$

답 $\boxed{}$ 번

수학+사회

8-1

한 나라의 역사, 국민성 등을 상징하는 깃발을 국기라고 합니다. 우리나라의 국기는 태극기이고 다른 나라에도 각기 다양한 모양의 국기가 있습니다. 그중 별 모양이 그려진 국기들도 있는데, 예를 들어 미국의 국기에는 50개의 별 모양이 있습니다. 다음은 미국, 베네수엘라, 중국의 국기입니다. 세 나라의 국기에 있는 별은 모두 몇 개일까요?

미국

베네수엘라

중국

(　　　　)

LEVEL UP TEST

수학+음악

STEAM형 1

가야금, 거문고, 아쟁은 우리나라 전통 현악기로 가야금은 주로 가늘고 화려한 소리를 내고 거문고는 굵고 힘있는 소리를 내며, 아쟁은 낮은 음을 낼 때 쓰입니다. 모두 명주 실로 만든 줄을 뜯거나 밀거나 퉁겨서 소리를 내는데, 가야금은 12줄, 거문고는 6줄, 아쟁은 7줄로 되어 있습니다. 세 가지 악기의 줄 수의 합을 구해 보세요.

가야금

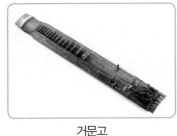
거문고

아쟁

(   )

서술형 2

민아는 동화책을 첫째 날에는 36쪽, 둘째 날에는 55쪽 읽었고, 준희는 같은 동화책을 첫째 날에는 70쪽, 둘째 날에는 18쪽 읽었습니다. 이틀 동안 동화책을 누가 몇 쪽 더 많이 읽었는지 풀이 과정을 쓰고 답을 구해 보세요.

풀이 ....

....

....

답 .... , ...

3 오른쪽 뺄셈식에서 ☐ 안에 알맞은 수를 써넣으세요.

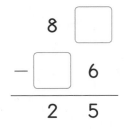

4 다음 수 중 합이 75가 되는 두 수를 찾아 써 보세요.

| 16 27 19 39 48 |

(   )

5 주머니 안에 수가 써 있는 구슬이 5개 들어 있습니다. 이 주머니에서 3개의 구슬을 꺼내어 덧셈식 2개와 뺄셈식 2개를 만들어 보세요.

덧셈식 ....

....

뺄셈식 ....

....

6 4장의 수 카드를 한 번씩 사용하여 차가 가장 작은 (두 자리 수) − (두 자리 수)의 뺄셈식을 만들었을 때 계산 결과를 구해 보세요.

   9

(   )

7 □ 안에 들어갈 수 있는 수 중 가장 작은 수를 구해 보세요.

$$\square - 27 > 48$$

(   )

서술형 8 준성이는 색종이를 41장 가지고 있었습니다. 그중에서 26장을 미술 시간에 쓰고, 색종이 한 묶음을 더 샀더니 30장이 되었습니다. 색종이 한 묶음에 들어 있는 색종이는 몇 장인지 풀이 과정을 쓰고 답을 구해 보세요.

풀이 ....

....

....

답 ....

9 ▲가 44일 때 ■에 알맞은 수를 구해 보세요. (단, 같은 모양은 같은 수를 나타냅니다.)

$$\bigstar - 27 = \blacktriangle$$
$$\blacksquare - \bigstar = 85$$

(   )

STE
AM형 **10**

수학+사회

전세계적으로 멸종 위기의 동식물을 보호하는 활동이 활발하게 이루어지고 있습니다. 다음은 멸종 위기 야생 생물 중 곤충과 식물의 수를 조사한 것입니다. 멸종 위기 야생 곤충은 멸종 위기 야생 식물보다 55종 더 적습니다. 멸종 위기 야생 곤충 1급은 몇 종일까요?

멸종 위기 야생 생물

종류	곤충		식물	
급수	1급	2급	1급	2급
수(종)		18	9	68

(   )

11

◯ 안에 ＋나 ─를 넣어 식을 완성해 보세요.

$$51 \bigcirc 39 \bigcirc 8 = 20$$

12

가로로 나란히 놓인 세 수의 합과 세로로 나란히 놓인 세 수의 합이 각각 45가 되도록 빈칸에 알맞은 수를 써넣으세요.

18		14
16		12

1 어항 안에 열대어가 31마리 있습니다. 이 중 암컷은 수컷보다 9마리 더 많습니다. 어항 안에 있는 열대어 중 수컷은 몇 마리일까요?

(   )

2 ▲가 30일 때 ■에 알맞은 수를 구해 보세요. (단, 같은 모양은 같은 수를 나타냅니다.)

$$♥+♥=▲$$
$$★+7=♥+▲$$
$$■-♥=★-▲+♥$$

(   )

길이 재기

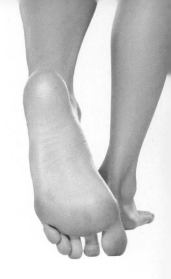

몸으로 재는 길이, 자로 재는 길이

자 없이 몸으로 길이 재기

길이를 재어야 할 때 어떻게 하나요? 보통 손가락을 한껏 벌려서 몇 뼘인지 재거나 주변의 물건을 이용할 거예요. 자를 사용하지 않던 예전에도 마찬가지였습니다. 옛날 사람들은 뼘이나 양팔을 벌린 폭, 한 걸음 등을 단위로 하여 길이를 쟀습니다. 중세에는 왕의 발가락 끝에서 뒤꿈치 끝까지의 길이를 '1피트', 왕의 코끝에서 손끝까지의 길이를 '1야드'로 정하여 단위로 사용하기도 했습니다. 그 외에도 영국에서 쓰이는 '인치'는 본래 엄지손가락의 폭을 나타내고, 이집트에서 쓰인 '큐빗'은 팔꿈치에서 손가락 끝까지의 길이를 말합니다.

속담에서 찾는 길이 단위

우리나라에서도 예전부터 몸 일부의 길이를 단위로 사용해왔습니다. 지금은 쓰지 않지만, 속담에서는 '자', '치' 등 몸 길이를 이용한 길이를 어렵지 않게 찾을 수 있습니다.

내 코가 석 자

'한 자'는 두 손을 나란히 모았을 때 한쪽 새끼손가락에서 다른 쪽 새끼손가락까지의 길이로, 석 자는 약 90cm입니다. 즉, '내 코가 석 자'라는 말은 콧물이 코끝에서 석 자만큼이나 길게 흘러내린 모습을 말해요. 흐르는 콧물도 못 닦을 정도로 자신의 사정이 급해 남의 사정을 돌봐줄 여유가 없다는 뜻이지요.

한 치 앞도 모른다

'한 치'는 한 자를 똑같이 10개로 나눈 것 중 하나만큼으로, 약 3cm 정도의 아주 짧은 길이입니다. '한 치 앞도 모른다'는 말은 한 치만큼의 아주 가까운 거리도 안 보인다는 뜻으로 아주 가까운 미래의 일도 전혀 예측할 수 없을 때 쓰입니다.

cm를 사용하는 이유

하지만 몸길이를 단위로 길이를 재는 데는 문제가 있었어요. 사람에 따라 잰 길이가 달랐던 것입니다. 몸길이는 사람마다 다르기 때문이지요. 예를 들어 볼까요? 동생이 누나에게 전화로 자신의 신발을 사 오라고 부탁했습니다. "누나, 내 발 크기는 한 뼘이야." 누나는 동생이 알려준 대로 한 뼘짜리 신발을 사 왔어요. 그런데 누나가 사 온 신발은 동생의 발보다 길었답니다. 누나의 한 뼘이 동생의 한 뼘보다 길었기 때문이에요.

이처럼 몸길이를 단위로 하면 혼란스러울 수밖에 없습니다. 이런 문제를 해결하기 위해 사람들은 cm를 공통된 단위길이로 정해 사용하기로 했어요. cm가 새겨진 자를 이용하면 누가 재어도 길이가 같기 때문에 오차 없이 길이를 표현할 수 있습니다.

1 길이 비교 방법, 여러 가지 단위로 길이 재기

❶ 길이를 비교하는 방법

• 종이띠를 이용하여 길이 비교하기

직접 맞대어 길이를 비교할 수 없으면 종이띠와 같은 구체물을 이용하여 길이를 본뜬 다음 맞대어 길이를 비교합니다.

└ 종이띠 외에도 실, 막대 등을 이용하여 길이를 비교할 수 있습니다.

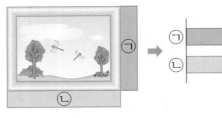

➡ 종이띠의 길이를 비교하면 액자에서 ㉡의 길이가 ㉠의 길이보다 더 깁니다.

❷ 여러 가지 단위로 길이 재기

• 몸의 일부분이나 물건을 이용하여 길이 재기

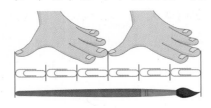

붓의 길이는 뼘으로 2번입니다.
붓의 길이는 클립으로 6번입니다.

• 단위로 길이 재기 — 어떤 길이를 재는 데 기준이 되는 길이를 단위길이라고 합니다.

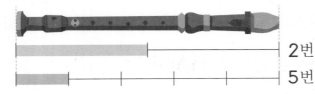

2번
5번

단위의 길이가 길수록 잰 횟수가 적고, 단위의 길이가 짧을수록 잰 횟수가 많습니다.

➡ 재는 단위에 따라 잰 횟수가 다르므로 길이를 정확하게 잴 수 없습니다.

📖 배경 지식

❶ 뼘

엄지손가락과 다른 손가락을 완전히 펴서 벌렸을 때에 두 끝 사이의 거리를 뼘이라고 합니다.

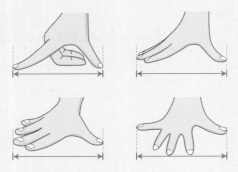

⚡ 실전 개념

❶ 잰 횟수로 단위의 길이 비교하기

• 막대의 길이를 세 가지 단위로 잰 경우

단위	㉮	㉯	㉰
잰 횟수	5번	6번	8번

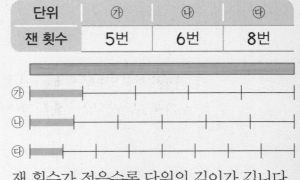

잰 횟수가 적을수록 단위의 길이가 깁니다.

➡ ㉮의 길이 > ㉯의 길이 > ㉰의 길이

1 ㉠과 ㉡의 길이를 비교하려고 합니다. ㉠과 ㉡의 길이를 비교할 수 있는 올바른 방법을 찾아 ○표 하고, 길이를 비교해 보세요.

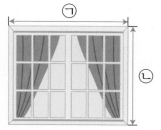

• 맞대어서 비교하기　　(　　)
• 종이띠를 이용하여 비교하기　(　　)

㉠이 ㉡보다 더 (깁니다 , 짧습니다).

2 길이가 짧은 것부터 차례로 기호를 써 보세요.

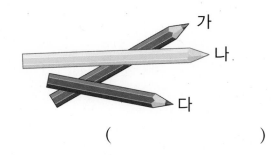

(　　　　　　)

3 책꽂이에 책을 세워서 꽂으려고 합니다. 책꽂이의 위쪽 칸에는 어떤 책을 꽂아야 할까요?

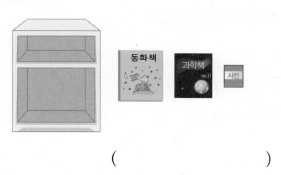

(　　　　　　)

4 허리띠의 길이는 각각의 단위로 몇 번일까요?

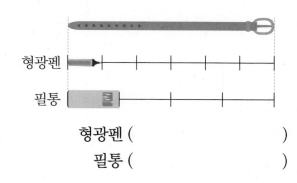

형광펜 (　　　　　)
필통 (　　　　　)

5 종완이와 하라 중 더 긴 우산을 가지고 있는 사람은 누구일까요?

종완: 내 우산은 풀로 **4**번쯤이야.
하라: 내 우산은 숟가락으로 **4**번쯤이야.

(　　　　　)

6 채희와 준수가 각자의 뼘으로 칠판의 긴 쪽의 길이를 재어 보았더니 채희는 15번쯤, 준수는 13번쯤이었습니다. 한 뼘의 길이가 더 긴 사람은 누구일까요?

(　　　　　)

2 |cm 알아보기, 자로 길이 재는 방법

❶ |cm 알아보기

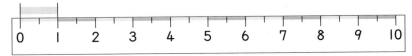 의 길이를 **|cm** 라 쓰고, | 센티미터라고 읽습니다.

| 0 | 1 | 2 | 3 | 4 | 5 | 6 | 7 | 8 | 9 | 10 |

➡ cm를 단위로 하여 길이를 재면 누가 재어도 같은 수로 나타낼 수 있으므로
길이를 정확하게 잴 수 있습니다.

❷ 자로 길이 재는 방법

• 눈금 **0**에서 시작하여 길이 재기
물건의 한끝을 자의 눈금 **0**에 맞추고 물건의 다른 끝에 있는 자의 눈금을 읽습니다.

➡ 연필의 길이: **9** cm

• **0**이 아닌 눈금에서 시작하여 길이 재기
물건의 한끝을 자의 한 눈금에 맞추고 그 눈금에서 다른 끝까지 |cm가 몇 번 들어가는지
셉니다.

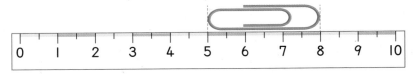

5부터 8까지 |cm가 3번 들어갑니다.
➡ 클립의 길이: **3** cm

📖 배경 지식

❶ cm(센티미터)가 필요한 이유
몸의 일부분으로 길이를 재면 재는 사람에
따라 측정값이 다르게 나와서 불편합니다.
똑같이 한 뼘을 단위로 재더라도 사람마다
한 뼘의 길이가 다르기 때문입니다.

❷ 상황에 따라 길이를 나타내는 표현

	거리	두께	높이	깊이
길다	멀다	두껍다	높다	깊다
짧다	가깝다	얇다	낮다	얕다

⚡ 실전 개념

**❶ 0이 아닌 눈금에 맞추어진 물건의 길이
재기**

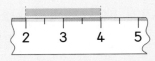

➡ (다른 끝)−(한끝)=**4**−**2**=**2**(cm)로
잴 수도 있습니다.

1 길이가 같은 것끼리 이어 보세요.

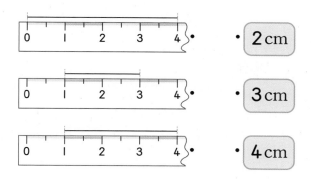

- • 2 cm
- • 3 cm
- • 4 cm

2 혜주와 삼촌이 똑같은 빗자루의 길이를 각각 뼘과 cm로 나타냈습니다. 두 사람이 나타낸 길이를 보고, 길이를 cm로 나타내면 어떤 점이 좋은지 설명해 보세요.

혜주	
뼘	5번쯤
cm	50 cm

삼촌	
뼘	3번쯤
cm	50 cm

설명 ....

....

....

3 크레파스의 길이는 몇 cm일까요?

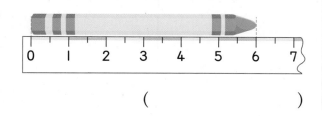

(   )

4 막대의 길이를 재어 막대의 길이만큼 점선을 따라 선을 그어 보세요.

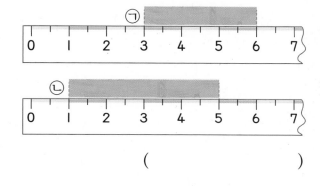

5 두 막대 ㉠과 ㉡ 중에서 더 긴 것의 기호를 써 보세요.

(   )

6 삼각형의 세 변의 길이를 자로 재어 ☐ 안에 알맞은 수를 써넣으세요.

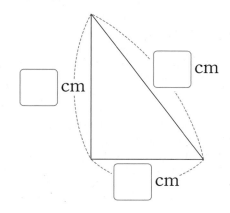

3 자로 길이 재기, 길이 어림하기

❶ 자로 길이 재기

길이가 자의 눈금 사이에 있을 때에는 눈금과 가까운 쪽에 있는 숫자를 읽으며,

숫자 앞에 약을 붙여 말합니다.

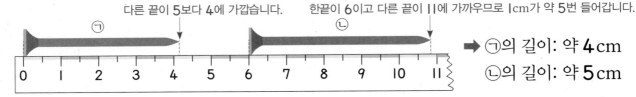

다른 끝이 5보다 4에 가깝습니다.

한끝이 6이고 다른 끝이 11에 가까우므로 1cm가 약 5번 들어갑니다.

➡ ㉠의 길이: 약 4 cm

㉡의 길이: 약 5 cm

❷ 길이 어림하기

• 자를 사용하지 않고 물건의 길이가 얼마쯤인지 어림할 수 있습니다.

  어림한 길이를 말할 때는 '약 ☐ cm'라고 합니다.

• 머리핀의 길이를 어림하고 자로 재어 확인하기

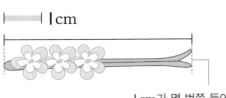

1cm가 몇 번쯤 들어갈지
생각하여 어림합니다.

이름	어림한 길이	자로 잰 길이	어림한 길이와 자로 잰 길이의 차
효주	약 6 cm	5 cm	1 cm
재호	약 7 cm	5 cm	2 cm

➡ 실제 길이에 더 가깝게 어림한 사람은 효주입니다.

어림한 길이와 자로 잰 길이의 차가 작을수록
실제 길이에 더 가깝게 어림한 것입니다.

🔗 연결 개념 [길이 재기]

❶ 1cm보다 작은 단위

• mm(밀리미터)

자의 작은 눈금 한 칸을 1mm(밀리미터)라 하고
10mm는 1cm와 같습니다.

⚡ 실전 개념

❶ 다른 물건의 길이를 이용하여 어림하기

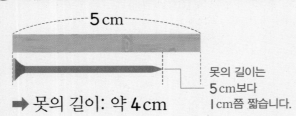

➡ 못의 길이: 약 4 cm

못의 길이는
5 cm보다
1 cm쯤 짧습니다.

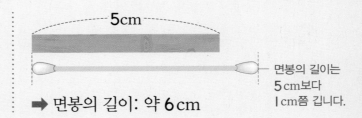

➡ 면봉의 길이: 약 6 cm

면봉의 길이는
5 cm보다
1 cm쯤 깁니다.

BASIC TEST

1 연필의 길이를 우찬이는 약 5cm라고 잘 못 재었습니다. 연필의 길이는 약 몇 cm 인지 쓰고, 어떻게 재어야 하는지 설명해 보세요.

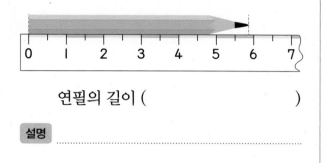

연필의 길이 (   )

설명 _____

_____

2 바늘의 길이는 약 몇 cm일까요?

(   )

3 길이가 약 5cm인 끈을 찾아 기호를 써 보세요.

가 ▬▬▬▬▬▬▬▬▬▬

나 ▬▬▬▬▬▬▬

다 ▬▬▬▬▬

(   )

4 열쇠의 긴 쪽의 길이를 어림하고 자로 재어 보세요.

어림한 길이 (   )
자로 잰 길이 (   )

5 길이가 15cm인 가위가 있습니다. 이 가위의 길이를 정아는 약 12cm, 기태는 약 17cm라고 어림하였습니다. 누가 실제 길이에 더 가깝게 어림하였을까요?

(   )

6 가와 나의 길이를 어림하여 비교하고 자로 재어 확인해 보세요.

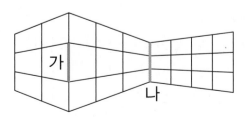

자로 재어 보면 가와 나의 길이는
(같습니다 , 다릅니다).

길이 비교하기

거리가 짧은 곳
수인이네 집에서 가까운 곳부터 차례로 써 보세요.

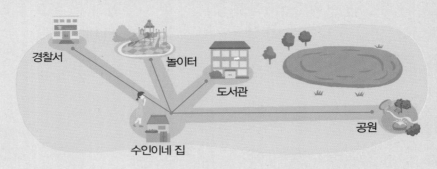

● **생각하기** 길이를 직접 비교하기 어려울 때에는 막대나 끈 등을 이용하여 비교합니다.

● **해결하기** **1단계** 수인이네 집에서 각각의 장소까지 선 긋기

수인이네 집에서 각각의 장소까지 곧은 선을 긋습니다.

2단계 길이를 비교하여 수인이네 집에서 가까운 곳부터 차례로 쓰기

막대나 끈 등을 이용하여 그은 선의 길이를 비교하면 다음과 같습니다.

수인이네 집 ●————————● 경찰서

수인이네 집 ●———● 놀이터

수인이네 집 ●——● 도서관

수인이네 집 ●——————————————● 공원

따라서 도서관, 놀이터, 경찰서, 공원의 차례로 가깝습니다.

답 도서관, 놀이터, 경찰서, 공원

1-1 식탁 위에 접시와 여러 가지 작물이 있습니다. 접시에서 가까운 곳에 있는 작물부터 차례로 써 보세요.

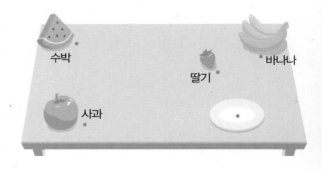

(   )

1-2 다람쥐가 음식을 나누어 주려고 합니다. 다람쥐에 가까이 있는 동물부터 차례로 써 보세요.

(   )

MATH TOPIC 2
심화유형

자로 길이 재어 선 긋기

두 점 사이의 거리를 자로 재어 2 cm 되는 곳은 빨간색, 3 cm 되는 곳은 노란색, 5 cm 되는 곳은 파란색으로 선을 그어 보세요.

● **생각하기**　먼저 눈으로 길이를 어림해 본 후, 여러 방향으로 선을 그어 길이를 재어 봅니다.

● **해결하기**　**1단계** 여러 방향(一, ㅣ, ＼, ／ 등)으로 선을 그어 길이를 재어 보기

한 점을 자의 눈금 **0**에 맞추고 자를 움직이면서 다른 점까지의 눈금을 읽습니다.

2단계 2 cm, 3 cm, 5 cm 되는 곳을 찾아 선 긋기

2 cm, 3 cm, 5 cm 되는 곳을 찾아 각각 빨간색, 노란색, 파란색으로 선을 긋습니다.

답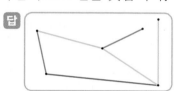

2-1 빨간색 점에서부터 자로 재어 2 cm 되는 곳은 파란색, 4 cm 되는 곳은 노란색으로 선을 그어 보세요.

2-2 두 점 사이의 거리를 자로 재어 1 cm 되는 곳은 빨간색, 2 cm 되는 곳은 파란색, 4 cm 되는 곳은 노란색으로 선을 그어 보세요.

지나간 길의 길이 구하기

애벌레가 빨간색 선을 따라 나뭇잎을 먹으러 갔습니다. 애벌레가 지나간 길은 몇 cm일까요?
(단, 작은 사각형의 한 변의 길이는 1cm로 모두 같습니다.)

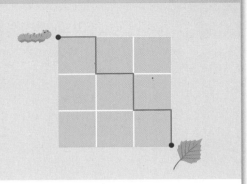

● 생각하기　1cm로 ■번이면 ■cm입니다.

● 해결하기　**1단계** 빨간색 선이 1cm로 몇 번인지 세어 보기
작은 사각형의 한 변의 길이는 1cm이므로 빨간색 선은 1cm로 6번입니다.

2단계 빨간색 선의 길이 구하기
빨간색 선의 길이는 1cm로 6번이므로 6cm입니다.

답 **6 cm**

3-1 개미가 빨간색 선을 따라 과자를 먹으러 갔습니다. 개미가 지나간 길은 몇 cm일까요?
(단, 작은 사각형의 한 변의 길이는 1cm로 모두 같습니다.)

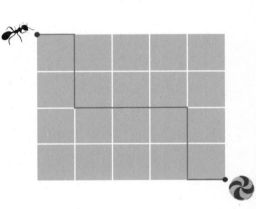

(　　　　　　　　　)

3-2 모눈종이 위에 오른쪽 그림과 같이 선을 그렸습니다. 그린 선은 모두 몇 cm일까요?
(단, 모눈 한 칸의 길이는 1cm로 모두 같습니다.)

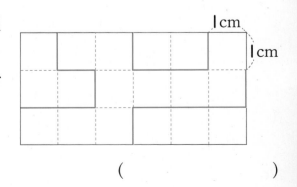

(　　　　　　　　　)

MATH TOPIC 4

심화유형

잰 횟수로 단위의 길이 비교하기

아람, 효주, 서은, 지훈이는 각자의 걸음으로 과학실의 긴 쪽의 길이를 재어 보았습니다. 한 걸음의 길이가 가장 짧은 사람은 누구일까요?

아람	효주	서은	지훈
18걸음쯤	16걸음쯤	20걸음쯤	21걸음쯤

● 생각하기 한 걸음의 길이가 짧을수록 여러 번 걸어야 합니다.

● 해결하기 **1단계** 잰 횟수 비교하기

잰 걸음 수를 비교해 보면 21>20>18>16으로 지훈이가 가장 많습니다.

2단계 한 걸음의 길이가 가장 짧은 사람 찾기

같은 길이를 잴 때 잰 걸음 수가 많을수록 한 걸음의 길이가 짧습니다.
따라서 한 걸음의 길이가 가장 짧은 사람은 지훈입니다.

답 지훈

4-1 주희, 규진, 상우, 세영이는 각자의 걸음으로 복도의 길이를 재어 보았습니다. 한 걸음의 길이가 가장 짧은 사람은 누구일까요?

주희	규진	상우	세영
24걸음쯤	19걸음쯤	22걸음쯤	20걸음쯤

(   )

4-2 연우, 상현, 유리, 재근이는 각자의 뼘으로 게시판의 긴 쪽의 길이를 재어 보았습니다. 한 뼘의 길이가 가장 긴 사람은 누구일까요?

연우	상현	유리	재근
17뼘쯤	18뼘쯤	15뼘쯤	16뼘쯤

(   )

MATH TOPIC 5

심화유형

단위로 길이 재기

못의 길이가 5cm일 때, 나무 막대의 길이는 몇 cm일까요?

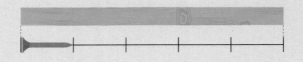

● 생각하기　단위의 길이를 잰 횟수만큼 더하면 전체 길이가 됩니다.

● 해결하기　**1단계** 나무 막대의 길이가 못으로 몇 번 잰 길이와 같은지 알아보기

나무 막대의 길이는 못으로 **5**번 잰 길이와 같습니다.

2단계 나무 막대의 길이 구하기

나무 막대의 길이는 못의 길이를 **5**번 더한 것과 같습니다.

못의 길이는 **5**cm이므로 나무 막대의 길이는 $\underset{5번}{5+5+5+5+5}=25$(cm)입니다.

답 25cm

5-1 물감의 길이가 7cm일 때, 스케치북의 짧은 쪽의 길이는 몇 cm일까요?

(　　　　　　)

5-2 운동화의 길이가 20cm일 때, 야구 방망이의 길이는 몇 cm일까요?

(　　　　　　)

MATH TOPIC 6

심화유형

가장 가깝게 어림한 것 찾기

지성이는 가지고 있는 학용품의 길이를 다음과 같이 각각 어림하고 자로 재었습니다. 실제 길이에 가장 가깝게 어림한 것은 무엇일까요?

학용품	색연필	가위	필통
어림한 길이	약 17 cm	약 19 cm	약 17 cm
자로 잰 길이	15 cm	18 cm	20 cm

● **생각하기** 자로 잰 길이와 어림한 길이의 차가 작을수록 가깝게 어림한 것입니다.

● **해결하기** **1단계** 자로 잰 길이와 어림한 길이의 차 각각 구하기

색연필: $17-15=2$(cm), 가위: $19-18=1$(cm), 필통: $20-17=3$(cm)

2단계 실제 길이에 가장 가깝게 어림한 것 구하기

자로 잰 길이와 어림한 길이의 차가 가장 작은 것은 가위입니다.

따라서 실제 길이에 가장 가깝게 어림한 것은 가위입니다.

답 가위

6-1 민우는 집 안에 있는 물건의 길이를 다음과 같이 각각 어림하고 자로 재었습니다. 실제 길이에 가장 가깝게 어림한 것은 무엇일까요?

물건	화분	양초	우산
어림한 길이	약 30 cm	약 12 cm	약 63 cm
자로 잰 길이	22 cm	16 cm	65 cm

( )

6-2 소연, 윤희, 경호는 교실에 있는 책장의 높이를 각자 어림해 보았습니다. 책장의 높이를 자로 재었더니 96 cm이었다면 실제 높이에 가장 가깝게 어림한 사람은 누구일까요?

이름	소연	윤희	경호
어림한 길이	약 86 cm	약 93 cm	약 98 cm

( )

서로 다른 단위로 길이 재기

빨대의 길이는 길이가 3 cm인 옷핀으로 6번 잰 것과 같습니다. 빨대의 길이는 길이가 9 cm인 형광펜으로 몇 번 잰 것과 같을까요?

● 생각하기   단위의 길이를 이용해 잰 횟수를 알아봅니다.

● 해결하기   1단계 빨대의 길이 구하기

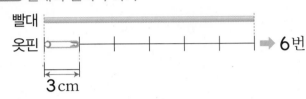

빨대의 길이는 3 cm로 6번이므로 $\underbrace{3+3+3+3+3+3}_{6번}=18(cm)$입니다.

2단계 빨대의 길이는 형광펜으로 몇 번 잰 것과 같은지 구하기

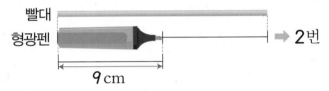

빨대의 길이는 18 cm이고 18=$\underbrace{9+9}_{2번}$이므로

빨대의 길이는 길이가 9 cm인 형광펜으로 2번 잰 것과 같습니다.

답 2번

7-1 망치의 길이는 길이가 5 cm인 못으로 4번 잰 것과 같습니다. 망치의 길이는 길이가 4 cm인 못으로 몇 번 잰 것과 같을까요?

(   )

7-2 화분의 높이는 길이가 8 cm인 색연필로 5번 잰 것과 같습니다. 화분의 높이는 길이가 10 cm인 가위로 몇 번 잰 것과 같을까요?

(   )

길이 재기를 활용한 교과통합유형

수학+역사

고대 이집트에서는 길이의 단위로 '큐빗'을 사 ⌐ cubit
용하였습니다. I큐빗은 남자 어른의 팔꿈치에
서 가운뎃손가락 끝까지의 길이를 말합니다.
I큐빗의 길이는 사람에 따라 다르지만 일반적
으로 약 45 cm입니다. 길이가 3큐빗인 막대
의 길이는 약 몇 cm일까요?

I큐빗

● **생각하기**   ■ cm로 ▲번 잰 길이 ➡ ┌ ■ + ■ + ⋯ + ■ ┐
                                        └───── ▲번 ─────┘

● **해결하기**   **1단계** 막대의 길이는 I큐빗으로 몇 번인지 알아보기

막대의 길이는 3큐빗이므로 I큐빗으로 3번입니다.

2단계 막대의 길이는 약 몇 cm인지 구하기

I큐빗은 약 45 cm이므로 3큐빗은 약 $\underset{\text{3번}}{\underline{45 + 45 + 45}}$ = ☐ (cm)입니다.

따라서 막대의 길이는 약 ☐ cm입니다.

답 약 ☐ cm

8-1

수학+과학

지렁이는 가늘고 긴 원통 모양으로 여러 개의 마
디로 이루어져 있습니다. 흙속에서 살고, 보거나
들을 수는 없지만 빛과 진동에 민감합니다. 몸길
이는 보통 10 cm 정도이고 약 30 cm까지 자라
는 종도 있습니다. 몸길이가 24 cm인 지렁이는
길이가 6 cm인 나뭇잎으로 몇 번 재어야 할까요?

(   )

1 왼쪽 봉투에 구기거나 접지 않고 넣을 수 있는 카드를 찾아 기호를 써 보세요.

( )

2 길이가 같은 면봉 여러 개를 사용하여 다음과 같은 도형을 만들었습니다. 다음 도형 중 변의 길이의 합이 가장 긴 것을 찾아 기호를 써 보세요.

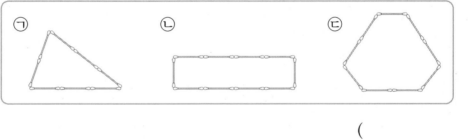

( )

수학+과학

3 머리카락은 보통 한 달에 1cm 정도 자라며 최고 2cm까지 자란다고 합니다. 하루 중에는 낮보다 밤에 더 빨리 자라고, 1년 중에는 봄과 여름에 더 빨리 자랍니다. 머리카락이 한 달에 약 1cm 자란다고 할 때, 다음 머리카락은 약 몇 달 동안 자란 것일까요?

머리카락 ——————————————————

( )

4 다음 물건의 긴 쪽의 길이를 각각 단위로 하여 책상의 높이를 재어 보았습니다. 잰 횟수가 많은 것부터 차례로 기호를 써 보세요.

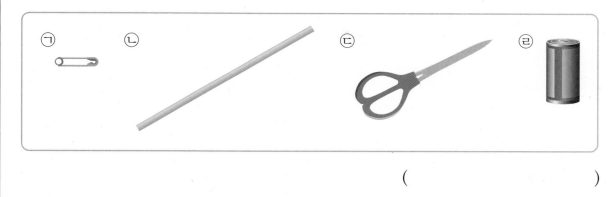

(   )

서술형 **5** 두 색 테이프를 겹치지 않게 이어 붙이면 몇 cm가 되는지 풀이 과정을 쓰고 답을 구해 보세요.

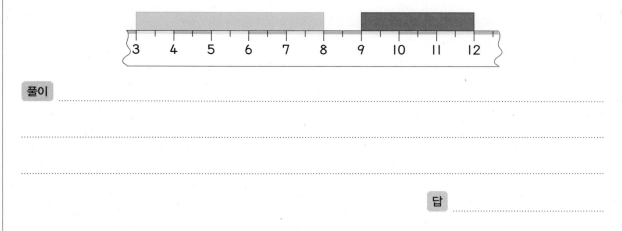

풀이 ....

....

....

답 ....

6 철사를 겹치지 않게 구부려서 오른쪽과 같은 사각형 모양을 만들었습니다. 길이를 자로 재어 보고, 사용한 철사의 길이만큼 점선을 따라 선을 그어 보세요.

시작점

7 리코더와 풀의 길이가 다음과 같을 때, 리코더로 3번 잰 밧줄의 길이는 풀로 몇 번 잰 길이와 같을까요?

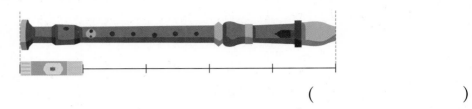

(   )

8 민준이가 팔 길이로 목도리의 긴 쪽의 길이를 재었더니 3번쯤이었습니다. 목도리의 긴 쪽의 길이가 90 cm라면 민준이의 팔 길이는 약 몇 cm일까요?

(   )

수학+실생활

STEAM형 9 '마'는 주로 옷감의 폭을 재는 단위로 한 마는 약 90 cm입니다. 용진, 다은, 주혁이가 한 마의 길이를 다음과 같이 어림하였습니다. 한 마를 자로 잰 길이가 91 cm라면 한 마의 길이를 가장 가깝게 어림한 사람은 누구일까요?

용진	다은	주혁
약 85 cm	약 95 cm	약 88 cm

(   )

10 작은 사각형의 한 변의 길이는 1cm로 모두 같습니다. ㉮에서 ㉯까지 작은 사각형의 변을 따라 길을 만들 때, 가장 가까운 길은 몇 cm일까요?

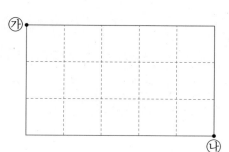

(   )

11 식탁의 높이를 티스푼으로 재면 8번이고, 주걱으로 재면 4번입니다. 주걱의 길이는 티스푼으로 몇 번 잰 길이와 같을까요?

(   )

서술형 **12** 책상의 긴 쪽의 길이를 수수깡으로 재면 3번이고, 이 수수깡의 길이를 길이가 6cm인 도장으로 재면 4번입니다. 책상의 긴 쪽과 짧은 쪽의 길이의 차가 30cm일 때, 책상의 짧은 쪽의 길이는 몇 cm인지 풀이 과정을 쓰고 답을 구해 보세요.

풀이

답

1 잠자리채의 길이를 크레파스로 재면 18번이고, 머리빗의 길이를 크레파스로 재면 3번 입니다. 머리빗의 길이가 11cm일 때 잠자리채의 길이는 몇 cm일까요?

(   )

2 길이가 각각 2cm, 5cm, 8cm인 세 개의 실이 있습니다. 이 중 두 개의 실을 사용하여 잴 수 있는 길이는 모두 몇 가지일까요? (단, 실을 접거나 구부리지 않습니다.)

(   )

분류하기

생활 속에서 분류하기

만약에 모든 물건들이 섞여 있다면?

엄마가 부엌에 계신 모습을 자세히 본 적 있나요? 메뉴가 정해지면 필요한 재료가 어디에 있는지, 필요한 그릇은 어디에 있는지 단번에 찾아 음식을 척척 차려내십니다.

어떻게 그럴 수 있을까요? 아마도 재료나 그릇을 종류에 따라 분류해 두신 덕분일 거예요. 만약 부엌에 식기나 식재료들이 어지럽게 섞여 있다면, 아무리 요리 실력이 뛰어나도 필요한 것을 곧바로 찾지 못할 테니까요.

시장이나 백화점에서 물건을 살 때도 마찬가지입니다. 물건들이 마구 섞여 있다면 사고 싶은 물건이 있어도 찾기 어렵겠지요. 다행히 시장에 가면 생선은 생선 가게에 있고, 과일은 과일 가게에, 채소는 채소 가게에 있어서 쉽게 장을 볼 수 있어요.

책만 모여 있는 서점 안에서도 분류는 필수입니다. 만화책, 잡지, 동화책, 소설책 등 책을 종류별로 분류해 두어야 원하는 분야의 책을 편리하게 고를 수 있지요.

분류 기준은 분명하게

분류를 할 때는 분명한 기준이 필요합니다. 분명한 기준이란 모양이나 색깔, 사용 목적처럼 누가 분류해도 그 결과가 같은 기준을 말해요. 만약 어떤 물건의 분류 기준을 '좋은 것'과 '안 좋은 것'으로 정한다면 분류하는 사람에 따라 분류 결과가 달라질 테니까요.

같은 물건들도 어떤 기준으로 분류하느냐에 따라 다르게 나눌 수 있습니다. 여기, 여덟 마리의 동물들이 있습니다. 이들을 각각 세 가지 분류 기준에 따라 분류해 볼까요?

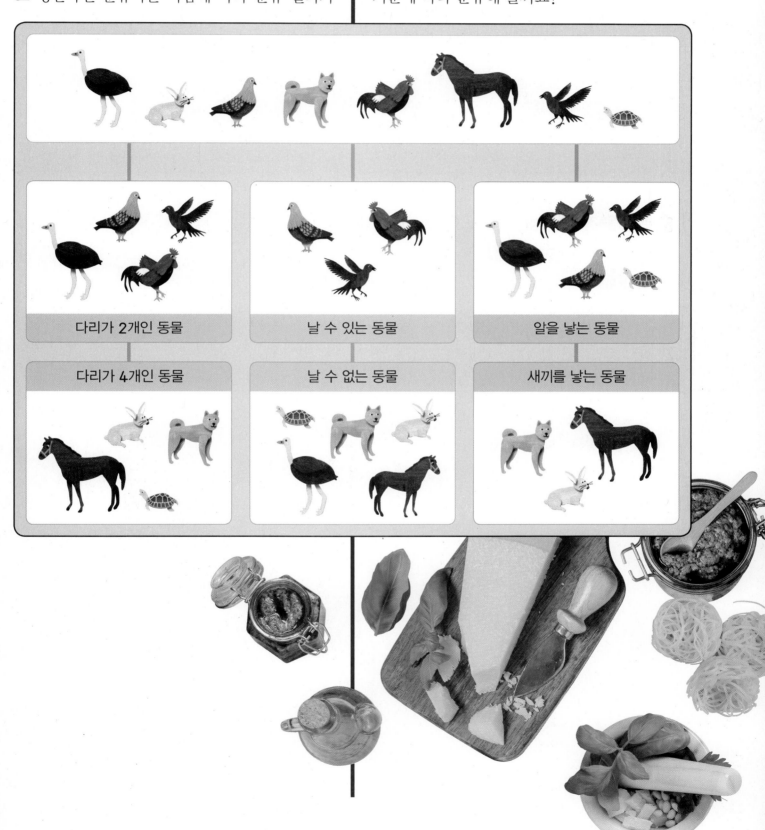

다리가 2개인 동물

날 수 있는 동물

알을 낳는 동물

다리가 4개인 동물

날 수 없는 동물

새끼를 낳는 동물

❶ 기준에 따라 분류(分類)하기
┌── 섞여 있는 것들을 기준에 따라 가르는 것

나눌 分, 무리 類

분류 기준: 모양	
사각형	원

분류 기준: 구멍의 수	
2개	4개

위의 기준뿐만 아니라 색깔을 기준으로 정하여 분류할 수도 있습니다.

❷ 기준을 정하는 방법

사람에 따라 분류한 결과가 달라지지 않도록 분명한 것으로 정합니다.

분류 기준이 될 수 있는 것	색깔, 모양, 개수 등 누가 분류해도 결과가 같은 것
분류 기준이 될 수 없는 것	좋은 것, 예쁜 것, 맛있는 것 등 사람에 따라 분류 결과가 달라지는 것

📖 배경 지식

❶ 분류하면 편리한 점

물건을 종류에 따라 분류하면 물건을 찾기 편리하고, 종류별 물건의 수를 쉽게 알 수 있습니다.

❷ 분류하여 많고 적음을 알아보기

분류한 물건을 줄을 맞추어 늘어놓으면 종류별 물건의 수를 비교하기 쉽습니다.

[1~2] 여러 가지 선글라스가 있습니다. 물음에 답하세요.

1 선글라스를 렌즈의 색깔에 따라 분류하여 기호를 써 보세요.

검정색	빨간색

2 선글라스를 렌즈의 모양에 따라 분류하여 기호를 써 보세요.

3 여러 가지 악기를 분류하는 기준이 될 수 있는 것을 찾아 기호를 써 보세요.

탬버린 하모니카 트라이앵글
북 기타 오카리나

㉠ 소리가 좋은 것과 좋지 않은 것
㉡ 무거운 것과 가벼운 것
㉢ 두드려서 소리를 내는 것과 아닌 것

( )

4 동물을 다음과 같이 분류하였습니다. 어떤 기준으로 분류하였는지 써 보세요.

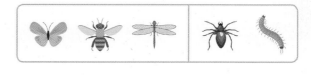

5 여러 가지 양말이 있습니다. 양말을 분류할 수 있는 기준 두 가지를 써 보세요.

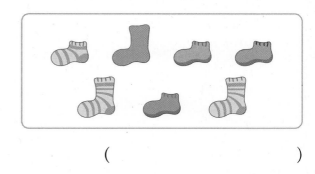

( )

6 기준을 정하여 여러 가지 화폐를 분류해 보세요.

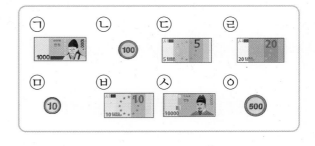

분류 기준:

2 분류한 결과를 세고 말하기

❶ 분류한 결과를 세기

- 기준에 따라 분류하고 그 수를 세기

모자 가게에서 이번 주에 팔린 모자

분류 기준: 모양

모양	야구모자	썬캡	털모자
수(개)	6	4	2

└─ 분류한 자료의 수의 합이 전체 모자의 수와 일치하는지 확인합니다. ➡ 6＋4＋2＝12(개)

분류 기준: 색깔

색깔	파란색	노란색
수(개)	7	5

└─ 7＋5＝12(개)

❷ 분류한 결과를 말하기

모양에 따라 분류한 결과를 다시 색깔에 따라 분류합니다.
색깔에 따라 분류한 결과를 다시 모양에 따라 분류해도 결과는 같습니다.

- 두 가지 기준에 따라 분류한 결과 말하기

색깔＼모양	야구모자	썬캡	털모자
파란색	4개	2개	1개
노란색	2개	2개	1개

➡ 이번 주에 가장 많이 팔린 모자는 파란색 야구모자입니다.
└─4개

다음 주에도 모자를 많이 팔기 위해서는 파란색 야구모자를 가장 많이 준비하는 것이 좋습니다.

⚡ 실전 개념

❶ 두 가지 기준을 만족하는 것 찾기

- 손잡이가 있는 회색 컵 찾기

 ➡ **손잡이가 있는 컵** 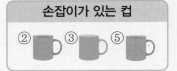 ➡ **손잡이가 있는 회색 컵**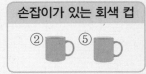

첫째 기준으로 분류하고, 분류한 결과를 둘째 기준으로 다시 분류합니다.

🔗 연결 개념 [표와 그래프]

❶ 분류한 결과를 표와 그래프로 나타내기

- 표로 나타내기

모양	야구모자	썬캡	털모자
수(개)	6	4	2

➡

- 그래프로 나타내기   각 모자의 개수만큼 ○를 그립니다.

모양＼개수	1	2	3	4	5	6
야구모자	○	○	○	○	○	○
썬캡	○	○	○	○		
털모자	○	○				

분류한 결과를 그래프로 나타내면 종류별 개수를 한눈에 비교할 수 있습니ㄴ

━ BASIC TEST ━

[1~3] 다음은 미주가 가지고 있는 옷들입니다. 물음에 답하세요.

1 옷을 소매의 길이에 따라 분류하고 그 수를 세어 보세요.

소매 길이	긴 것	짧은 것
세면서 표시하기	//// //	
수(벌)		

2 옷을 단추 수에 따라 분류하고 그 수를 세어 보세요.

단추 수	0개	2개	5개
세면서 표시하기			
수(벌)			

3 소매가 짧고 단추가 없는 옷은 몇 벌일까요?

( )

4 경태네 모둠 학생들이 좋아하는 과일을 분류하여 센 것입니다. 경태네 모둠 학생들이 소풍을 간다면 어떤 과일을 준비하는 것이 좋을지 설명해 보세요.

과일	사과	바나나	포도
수(명)	3	6	4

설명 _____

_____

5 여러 가지 우산을 색깔과 모양에 따라 분류하여 세려고 합니다. 다음 표를 완성해 보세요.

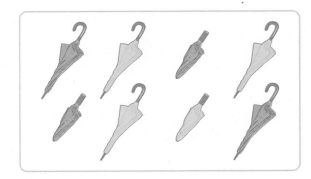

모양 \ 색깔	연두색	노란색
긴 우산	2개	
짧은 우산		

내가 정한 기준으로 분류하기

기준을 정하여 칠판에 써 있는 글자를 분류해 보세요.

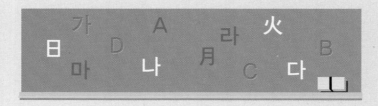

분류 기준:

● 생각하기 글자들을 어떤 기준으로 분류할 수 있는지 생각해 봅니다.

● 해결하기 **1단계** 분류할 기준을 정하기

㉠ 글자의 종류에 따라 한글, 한자, 영어로 분류합니다.

2단계 정한 기준에 따라 분류하기

㉠ 가, 나, 다, 라, 마 / 日, 月, 火 / A, B, C, D로 분류할 수 있습니다.
　　한글　　　　　　한자　　　　　영어

답 ㉠ 글자의 종류 / 가, 나, 다, 라, 마 / 日, 月, 火 / A, B, C, D

　　 ㉠ 글자의 색 / 가, D, C, B / 日, 나, 火, 다 / 마, A, 月, 라
　　　　　　　　　　빨간색　　　　　　흰색　　　　　　파란색

1-1 기준을 정하여 동물들을 분류해 보세요.

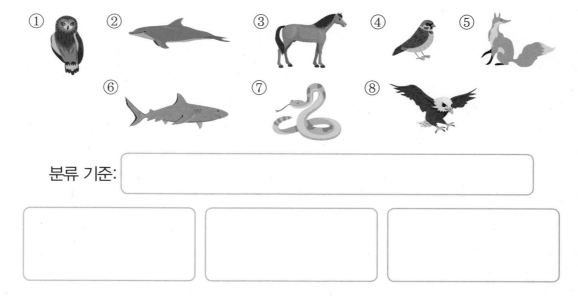

분류 기준:

MATH TOPIC 2
심화유형

분류하여 세어 보고 예상하기

우산 가게에서 **7**월 한 달 동안 팔린 우산입니다. 우산 가게 주인이 **8**월에 우산을 많이 팔기 위해 가장 많이 준비해야 할 우산은 어떤 색깔일까요?

● 생각하기   우산을 색깔에 따라 분류하고 그 수를 세어 봅니다.

● 해결하기   **1단계** 색깔에 따라 분류하여 세어 보기 ─ 모양이 모두 같고 색만 다르므로 색깔을 기준으로 분류합니다.

색깔에 따라 분류하여 우산의 수를 각각 세어 보면 다음과 같습니다.

색깔	빨간색	초록색	노란색	파란색
수(개)	6	1	3	2

2단계 8월에 가장 많이 준비해야 할 우산의 색깔 알아보기

7월에 가장 많이 팔린 우산은 <u>빨간색</u> 우산입니다. 따라서 **8**월에도 우산을 많이 팔기
6개

위해서는 빨간색 우산을 가장 많이 준비하는 것이 좋습니다.

답 빨간색

2-1 아이스크림 가게에서 6월 한 달 동안 팔린 아이스크림입니다. 아이스크림 가게 주인이 7월에 아이스크림을 많이 팔기 위해 가장 많이 준비해야 할 아이스크림은 어떤 맛일까요?

● 딸기 맛   ● 초콜릿 맛   ● 레몬 맛   ● 피스타치오 맛

(   )

MATH TOPIC 3

심화유형

분류한 결과 알아보기

형식이네 모둠 학생들이 좋아하는 민속놀이입니다. 가장 많은 학생들이 좋아하는 민속놀이와 가장 적은 학생들이 좋아하는 민속놀이의 학생 수의 차는 몇 명일까요?

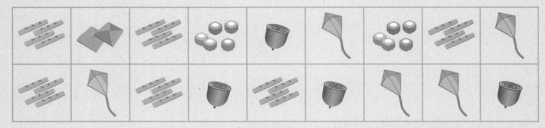

윷놀이 딱지치기 공기놀이 팽이치기 연날리기

● 생각하기 민속놀이를 종류에 따라 분류하고 그 수를 세어 봅니다.

● 해결하기 1단계 종류에 따라 분류하여 세어 보기

종류	윷놀이	딱지치기	공기놀이	팽이치기	연날리기
수(명)	6	1	2	4	5

2단계 학생 수의 차 구하기

가장 많은 학생들이 좋아하는 민속놀이는 윷놀이로 6명, 가장 적은 학생들이 좋아하는 민속놀이는 딱지치기로 1명입니다.

➡ $6 - 1 = 5$(명)

답 5명

3-1 선영이네 모둠 학생들이 좋아하는 꽃입니다. 가장 많은 학생들이 좋아하는 꽃과 가장 적은 학생들이 좋아하는 꽃의 학생 수의 차는 몇 명일까요?

장미 코스모스 튤립 국화 해바라기

(   )

3-2 3-1에서 장미와 국화 중 어느 꽃을 좋아하는 학생이 몇 명 더 많을까요?

(   ), (   )

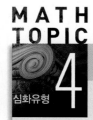

MATH TOPIC 4

심화유형 4

분류한 결과를 잘못 설명한 것 찾기

금결이네 모둠 학생들의 아버지가 출근하실 때 이용하는 교통 수단입니다. 잘못 설명한 것을 찾아 기호를 써 보세요.

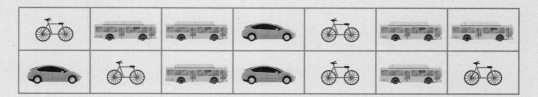

> ㉠ 아버지들이 이용하는 교통 수단은 모두 **3**종류입니다.
> ㉡ 가장 많은 아버지들이 이용하는 교통 수단은 자전거입니다.
> ㉢ 조사한 사람은 모두 **14**명입니다.

● **생각하기** 교통 수단을 종류에 따라 분류하고 그 수를 세어 봅니다.

● **해결하기** **1단계** 종류에 따라 분류하여 세어 보기

종류	자전거	버스	승용차
수(명)	5	6	3

2단계 분류한 결과를 보고 잘못 설명한 것 찾기

㉠ 교통 수단은 자전거, 버스, 승용차로 모두 **3**종류입니다.

㉡ 가장 많은 아버지들이 이용하는 교통 수단은 버스입니다.

㉢ 조사한 사람은 모두 **5**＋**6**＋**3**＝**14**(명)입니다.

답 ㉡

4-1 우진이네 집 옥상에 널어놓은 빨래입니다. 잘못 설명한 것을 찾아 기호를 써 보세요.

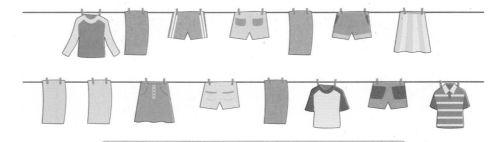

> ㉠ 널어놓은 빨래는 모두 **15**개입니다.
> ㉡ 수건과 반바지의 개수는 같습니다.
> ㉢ 티셔츠의 개수가 가장 적습니다.

(   )

MATH
TOPIC

5 분류한 결과를 보고 분류 기준 알아보기

심화유형

채연이는 시장에서 산 식품들을 다음과 같이 분류하였습니다. 분류 기준을 설명해 보세요.

 ➡

● 생각하기   분류된 식품들은 어떤 종류인지 알아보고 분류 기준을 찾습니다.

● 해결하기   **1단계** 분류된 식품들은 어떤 종류인지 알아보기

오이, 배추, 고구마 ➡ 채소	바나나, 복숭아, 사과 ➡ 과일	문어, 생선 ➡ 해산물

2단계 분류 기준 찾기

채소, 과일, 해산물의 세 종류로 분류하였습니다.

답 식품의 종류에 따라 채소, 과일, 해산물로 분류하였습니다.

5-1 재원이는 방에 있는 물건들을 다음과 같이 분류하였습니다. 분류 기준을 설명해 보세요.

 ➡

설명 ....

5-2 윤하는 구급상자 안의 약을 다음과 같이 분류하였습니다. 분류 기준을 설명해 보세요.

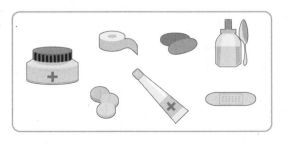 ➡

설명 ....

두 가지 기준으로 분류하기

탈것 중에서 땅에서 이동하고 바퀴가 **4**개인 것은 몇 대일까요?

● **생각하기**   한 가지 기준에 따라 분류하고, 그 결과를 다시 다른 기준에 따라 분류합니다.

● **해결하기**   **1단계** 땅에서 이동하는 것과 아닌 것으로 분류하기

탈것을 이동하는 장소에 따라 분류합니다.

┌ 땅에서 이동하는 것: 승용차, 오토바이, 유아차, 버스, 자전거, 고속열차
└ 땅에서 이동하지 않는 것: 헬리콥터, 비행기, 배

2단계 바퀴가 **4**개인 것 찾기

땅에서 이동하는 것을 바퀴 수에 따라 분류합니다.

┌ 바퀴가 **4**개인 것: 승용차, 유아차, 버스 ➡ 3대
└ 바퀴가 **4**개가 아닌 것: 오토바이, 자전거, 고속열차

따라서 땅에서 이동하고 바퀴가 **4**개인 것은 3대입니다.

답 **3**대

6-1   주로 땅에서 활동하고 다리가 없는 동물은 몇 마리일까요?

(   )

6-2   신발끈이 없는 구두는 몇 켤레일까요?

(   )

MATH TOPIC 7

심화유형

분류하기를 활용한 교과통합유형

S T E
A M 형
■ ● ▲

수학+사회

문화재란 조상들이 남긴 유산 중 예술, 과학, 종교, 역사, 민속, 생활 양식 등에서 문화적 가치를 가지고 있는 것을 말합니다. 다음 우리나라의 여러 문화재들을 종류에 따라 분류하고 그 수를 세어 보세요.

경복궁 　 석가탑 　 남대문 　 다보탑

동대문 　 창덕궁 　 감은사지석탑 　 덕수궁

종류	궁궐	대문	탑
수(개)			

● 생각하기　문화재를 종류에 따라 분류하고 그 수를 세어 봅니다.

● 해결하기

1단계 종류에 따라 분류하기

문화재의 종류에 따라 궁궐, 대문, 탑으로 분류합니다.

경복궁, 창덕궁, 덕수궁 / 남대문, 동대문 / 석가탑, 다보탑, 감은사지석탑
　　　궁궐　　　　　　　　대문　　　　　　　　탑

2단계 그 수를 세어 보기

궁궐은 ☐ 개, 대문은 ☐ 개, 탑은 ☐ 개입니다.

답

종류	궁궐	대문	탑
수(개)			

7-1

수학+역사

훌륭한 업적을 이룩한 뛰어난 사람을 위인이라고 합니다. 다음 역사 속 위인들을 업적에 따라 분류하고 그 수를 세어 보세요.

유관순 　 모차르트 　 뉴턴 　 장영실

베토벤 　 안중근 　 마리 퀴리

업적	독립운동가	음악가	과학자
수(명)			

LEVEL UP TEST

수학+사회

STEAM형 1

분리배출은 쓰레기나 재활용품을 종류별로 나누어 버리는 것을 말합니다. 분리배출을 하면 환경 오염을 줄일 수 있고, 재활용을 하면 불필요한 비용이 줄어듭니다. 다음 재활용품을 알맞게 분리배출하여 빈칸에 번호를 써넣으세요.

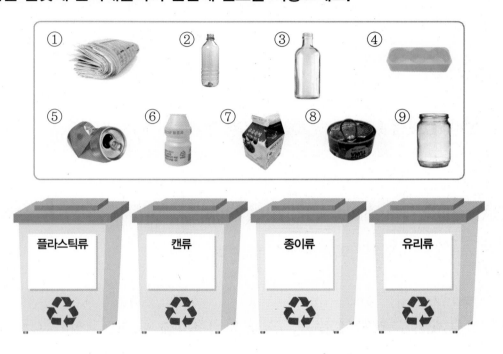

서술형 2

효재는 집 안의 물건을 다음과 같이 분류하였습니다. 어떤 기준에 따라 분류한 것인지 설명하고 분류 기준을 써 보세요.

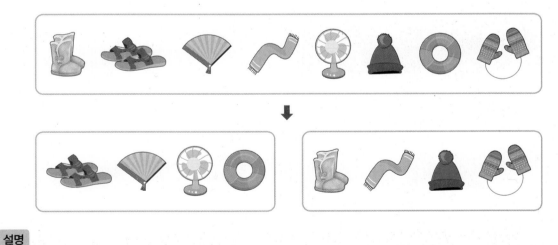

설명 ....

....

....

분류 기준: ....

[3~5] 다은이가 지난달의 달력에 날씨를 기록한 것입니다. 물음에 답하세요.

일	월	화	수	목	금	토
		1 ☁	2 ☁	3 ☀	4 ☀	
5 ☀	6 ☁	7 ☁	8 🌧	9 🌧	10 ☁	11 🌧
12 ☀	13 ☀	14 ☁	15 ☀	16 ☁	17 🌧	18 ☀
19 ☁	20 ☁	21 🌧	22 🌧	23 ☀	24 ☀	25 ☀
26 ☀	27 ☁	28 ☁	29 🌧	30 ☀		

☀ 맑은 날   ☁ 흐린 날   🌧 비 온 날

3 지난달에 우산이 필요했던 날은 며칠일까요?

(   )

4 날씨에 따라 분류하고 그 수를 세어 보세요.

날씨	☀	☁	🌧
날수(일)			

5 지난달에 비가 오지 않은 날은 비 온 날보다 며칠 더 많을까요?

(   )

[6~8] 주방에 있는 여러 가지 물건들입니다. 물음에 답하세요.

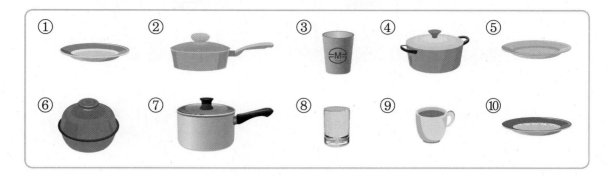

6 용도에 따라 분류하고 그 수를 세어 보세요.

용도	접시	컵	냄비
수(개)			

7 손잡이에 따라 두 가지로 분류하고 그 수를 세어 보세요.

손잡이		
수(개)		

8 두 가지 조건에 따라 분류하여 번호를 쓰고 그 수를 각각 세어 표를 완성해 보세요.

손잡이＼용도	접시	컵	냄비
있는 것	없음		
	0개		
없는 것	①, ⑤, ⑩		
	3개		

수학+사회

서울특별시는 우리나라의 수도로 한반도의 중앙에 위치하며 한강을 끼고 있습니다. 한강 아래쪽을 강남, 한강 위쪽을 강북으로 분류하고, 25개의 구로 나눕니다. 서울특별시 지도를 보고 강남과 강북의 구의 수를 각각 구해 보세요.

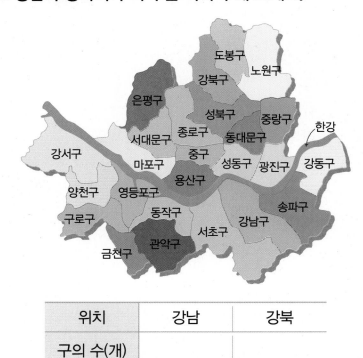

위치	강남	강북
구의 수(개)		

서술형 **10**

어느 인터넷 쇼핑몰 누리집의 상품 분류를 나타낸 것입니다. 상품 분류 중 잘못된 부분을 찾아 ○표 하고, 그 까닭을 써 보세요.

금주의 할인 상품 모음전

패션
주방 / 인테리어
식품 ▶
가전 / 레저
도서
화장품

과일 / 채소
음료 / 차 ▶
과자 / 초콜릿
쌀 / 잡곡
해산물
인스턴트 식품

생수
탄산 / 스포츠 음료
주스 / 과즙 음료
커피 / 코코아
양배추
우유 / 두유

까닭 ....

1 16장의 카드 중 다음 조건을 모두 만족하는 카드는 몇 장일까요?

- 털이 있습니다.
- 빨간색이 아닙니다.
- 구멍이 1개보다 많습니다.

(   )

2 마트에서 냉장고에 있는 음료를 두 가지 기준에 따라 분류하여 센 것입니다. 캔 음료와 탄산음료는 각각 몇 개일까요?

	팩	캔	페트병
탄산음료	0개	42개	33개
과즙 음료	24개	9개	15개

캔 음료 (   )

탄산음료 (   )

연필 없이 생각 톡

서로 짝이 맞는 두 조각을 찾아보세요.

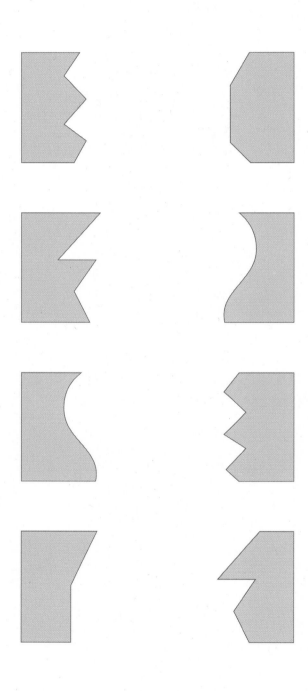

곱셈

곱셈의 기본, 묶어 세기

쉽게 세는 방법, 묶어 세기

여기 잘 익은 체리가 있습니다.
모두 몇 개일까요?

맞습니다. 4개입니다. 그렇다면 다음 체리는 모두 몇 개일까요?

이번에는 아마 한번 힐끗 보아서는 알 수 없을 거예요. '하나, 둘, 셋, 넷, ..., 열둘.'까지 세어야 12개라고 말할 수 있겠지요. 이보다 더 많은 수를 세는 경우는 어떨까요? 아마 매번 하나씩 세다가는 시간이 많이 걸릴 거예요.
이렇게 많은 개수도 일일이 세어 보지 않고 빠르고 간편하게 세는 방법이 있어요. 바로, 묶어 세기입니다. 그럼 똑같은 양의 체리를 2개씩 묶어 세어 볼까요?

"둘, 넷, 여섯, 여덟, 열, 열둘!" 2개씩 묶어 세면 6번 만에 모두 셀 수 있어요. 2씩 6묶음이 되거든요. 하나씩 세는 것보다 훨씬 쉽고 빠르죠?
이번에는 같은 개수의 체리를 3개씩 묶어 세어 볼게요.

3개씩 묶으면 4묶음이므로 체리의 수는 3개씩 묶어 4번 센 것과 같습니다.

곱셈식으로 나타내기

2씩 묶어 센 수를 수직선에 나타내 보면 2씩 6번 뛰어 센 수와 같아요.

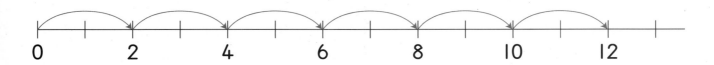

2, 4, 6, 8, 10, 12 순으로 2만큼씩 늘어나는 걸 알 수 있죠? 그래서 묶어 세거나 뛰어 센 수는 덧셈식으로 나타낼 수 있어요. 2를 6번 더했으니까 덧셈식으로 나타내면 2+2+2+2+2+2=12 가 되지요. 기호 ×를 사용하면 이 덧셈식을 곱셈식으로 더 간단하게 나타낼 수 있어요.

$$2+2+2+2+2+2=12$$
$$\rightarrow 2 \times 6 = 12$$

3씩 뛰어 세면 3, 6, 9, 12 순으로 3만큼씩 늘어나요. 이번엔 3을 4번 더한 값을 덧셈식과 곱셈식으로 나타내 볼까요?

$$3+3+3+3=12$$
$$\rightarrow 3 \times 4 = 12$$

3을 4번 더한 결과도 2를 6번 더한 결과와 같습니다. 체리를 몇 개씩 묶어 세든 체리의 전체 개수는 그대로 12개이니까요.

1 여러 가지 방법으로 세기, 몇씩 몇 묶음

❶ 여러 가지 방법으로 세기

| 뛰어 세기 | 2씩 뛰어 세면 2, 4, 6, 8, 10, 12입니다. |

| 묶어 세기 | 2씩 묶어 세면 2, 4, 6, 8, 10, 12입니다. |
                  1 2 3 4 5 6 (묶음)

❷ 몇씩 몇 묶음

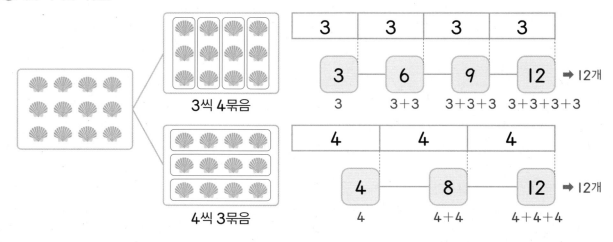

⚡ 실전 개념

❶ 수직선에서 뛰어 세기

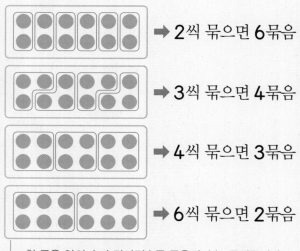

5씩 뛰어 세면 5씩 커집니다.

❷ 한 묶음 안의 개수와 묶음의 수

- 12를 묶어 세기

    ➡ 2씩 묶으면 6묶음

    ➡ 3씩 묶으면 4묶음

    ➡ 4씩 묶으면 3묶음

    ➡ 6씩 묶으면 2묶음

└ 한 묶음 안의 수가 많아질수록 묶음의 수는 줄어듭니다.

❸ (■씩 ▲묶음)=(▲씩 ■묶음)

(3씩 5묶음)=(5씩 3묶음)
  15개   15개

🔗 연결 개념 곱셈

❶ 곱셈식

'몇'씩 묶어 세면 '몇'씩 커집니다.

$$4씩 3묶음 ➡ 4+4+4$$

위와 같이 같은 수를 여러 번 더하는 것을 ✕ 기호를 사용하여 곱셈식으로 나타낼 수 있습니다.
    └ 곱하기

$$4+4+4=4×3$$

4를 3번 더하는 것을 4×3이라고 씁니다.

[1~2] 컵은 모두 몇 개인지 여러 가지 방법으로 알아보세요.

1 2씩 뛰어 세면 모두 몇 개일까요?

( )

2 4씩 묶어 세면 모두 몇 묶음일까요?

( )

3 밤은 모두 몇 개인지 묶어 세어 보세요.

(1) 3씩 묶어 세어 보세요.

  3,

(2) 7씩 묶어 세어 보세요.

(3) 밤은 모두 몇 개일까요?

( )

4 나뭇잎은 모두 몇 장인지 묶어 세어 보세요.

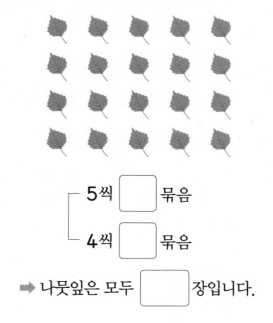

5씩 ☐ 묶음

4씩 ☐ 묶음

➡ 나뭇잎은 모두 ☐ 장입니다.

5 6씩 뛰어 세려고 합니다. 수직선에 화살표로 나타내고, ☐ 안에 알맞은 수를 써넣으세요.

0   6   18

6 클립은 모두 몇 개인지 묶어 세어 보고, 어떻게 세었는지 방법을 설명해 보세요.

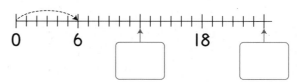

설명

2 몇의 몇 배

① 몇의 몇 배 알아보기

2씩 3묶음

➡ 2의 3배
➡ 2+2+2=6

곱 ⑲
몇 배(倍)는 같은 수를
몇 번 더한 만큼
을 나타냅니다.

2씩 4묶음

➡ 2의 4배
➡ 2+2+2+2=8

2씩 5묶음

➡ 2의 5배
➡ 2+2+2+2+2=10

② 몇의 몇 배로 나타내기

3씩 4묶음 ➡ 3+3+3+3=12 ➡ 3의 4배 ➡ 12는 3의 4배입니다.

3이 4번임을 나타냅니다.

📖 배경 지식

① 길이가 몇 배인지 알아보기

파란색 리본의 길이는 초록색 리본 길이의 4배입니다.

② 넓이가 몇 배인지 알아보기

보라색 종이의 넓이는 초록색 종이 넓이의 6배입니다.

⚡ 실전 개념

① 4의 3배와 4의 5배의 차 구하기

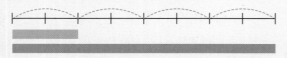

4의 3배 ➡ ⬤⬤⬤⬤ ⬤⬤⬤⬤ ⬤⬤⬤⬤

4의 5배 ➡ ⬤⬤⬤⬤ ⬤⬤⬤⬤ ⬤⬤⬤⬤ ⬤⬤⬤⬤ ⬤⬤⬤⬤

➡ 4씩 2묶음만큼 차이가 납니다.

따라서 4의 3배와 4의 5배의 차는 8입니다.
└─ 4씩 2묶음

② 퀴즈네어 막대로 같은 길이 만들기

색깔별로 길이가 정해져 있는 막대

• 길이가 10인 막대 만들기

| | | | | | | | | | | | ➡ 길이가 1인 막대 10개 ➡ 1의 10배

| 2 | 2 | 2 | 2 | 2 | ➡ 길이가 2인 막대 5개 ➡ 2의 5배

| 5 | 5 | ➡ 길이가 5인 막대 2개 ➡ 5의 2배

2의 5배와
5의 2배는
같습니다.

├─────10─────┤

1 □ 안에 알맞은 수를 써넣으세요.

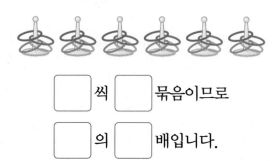

□씩 □묶음이므로

□의 □배입니다.

2 오른쪽에 놓여 있는 책의 수는 왼쪽에 놓여 있는 책의 수의 몇 배일까요?

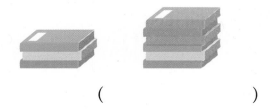

(   )

3 접시에 똑같은 구슬이 여러 개 놓여 있습니다. 파란 접시에 놓인 구슬의 무게는 빨간 접시에 놓인 구슬의 무게의 몇 배일까요?

(   )

4 보기 와 같은 방법으로 2의 6배는 얼마인지 나타내 보세요.

> 보기
>
> 9의 2배 ➡ 9 + 9 = 18

2의 6배 ➡ ....

5 주하의 리본 길이는 윤서의 리본 길이의 3배입니다. 주하의 리본을 길이에 맞게 그려 보세요.

윤서 ▬▬▬
주하

6 한 칸에 5명씩 탈 수 있는 6칸짜리 놀이기구가 있습니다. 6칸에 빈자리 없이 탄다면 모두 몇 명이 탈 수 있을까요?

(   )

3 곱셈식

❶ 곱셈식으로 나타내기

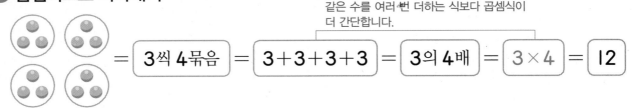

같은 수를 여러 번 더하는 식보다 곱셈식이 더 간단합니다.

= 3씩 4묶음 = 3+3+3+3 = 3의 4배 = 3×4 = 12

➡ 3의 4배를 3 × 4라 쓰고 3 곱하기 4라고 읽습니다.

➡ 구슬의 수를 곱셈식으로 나타내면 3×4=12입니다.

읽기 ・3 곱하기 4는 12와 같습니다. ・3과 4의 곱은 12입니다.

⚡ 심화 개념

❶ 두 수를 바꾸어 곱하기

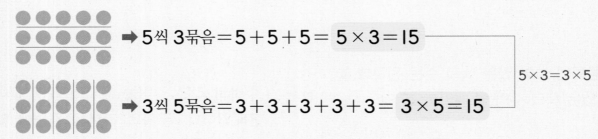

➡ 5씩 3묶음=5+5+5= 5×3=15

➡ 3씩 5묶음=3+3+3+3+3= 3×5=15

$5×3=3×5$

➡ 두 수를 바꾸어 곱해도 결과는 같습니다.

⚡ 실전 개념

❶ 옷을 다르게 입는 가짓수 구하기

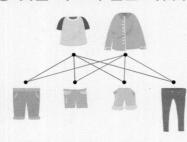

티셔츠 하나를 바지 4개와 함께 입는 방법은 4가지입니다.
티셔츠가 2개 있으므로 티셔츠와 바지를 하나씩 골라 입는 방법의
가짓수는 4의 2배입니다.

4의 2배 ➡ $4+4=4×2=8$(가지)

❷ 상자에 들어 있는 물건의 전체 개수 구하기

・3개씩 2줄로 4상자에 들어 있는 음료수의 개수

① 한 상자에 들어 있는 음료수의 개수

　3씩 2줄 ➡ $3+3=3×2=6$(개)

② 4상자에 들어 있는 음료수의 개수

　6씩 4상자 ➡ $6+6+6+6=6×4=24$(개)

따라서 전체 음료수의 개수는 24개입니다.

BASIC TEST

1 그림을 보고 ☐ 안에 알맞은 수를 써넣으세요.

▲ ▲ ▲ ▲ ▲ ▲ ▲
▲ ▲ ▲ ▲ ▲ ▲ ▲
▲ ▲ ▲ ▲ ▲ ▲ ▲
▲ ▲ ▲ ▲ ▲ ▲ ▲

7 + ☐ + ☐ + ☐ = ☐

➡ ☐ × ☐ = ☐

2 빈칸에 알맞은 곱셈식을 써 보세요.

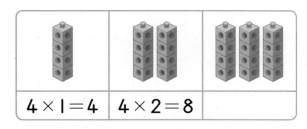

$4 \times 1 = 4$	$4 \times 2 = 8$	

3 다음 구슬의 2배만큼을 사용하여 목걸이를 만들려고 합니다. 모두 몇 개의 구슬이 필요한지 알아보세요.

(1) 수직선에 화살표로 나타내 보세요.

(2) 곱셈식으로 나타내 답을 구해 보세요.

식 .... 답 ....

4 한 통에 6개씩 들어 있는 풍선껌이 3통 있습니다. 풍선껌은 모두 몇 개인지 덧셈식과 곱셈식으로 나타내 보세요.

덧셈식 ....

곱셈식 ....

5 다음 중 식을 잘못 나타낸 것은 어느 것일까요? ( )

① $2 + 2 + 2 + 2 = 2 \times 4$
② $3 \times 6 = 3 + 3 + 3 + 3 + 3$
③ 7씩 8묶음 ➡ 7×8
④ 5의 4배 ➡ 5×4
⑤ 4를 9번 더한 수 ➡ 4×9

6 채원이는 종이배를 1분에 2개씩 접습니다. 채원이가 7분 동안 접을 수 있는 종이배는 모두 몇 개일까요?

( )

몇씩 몇 묶음으로 나타내기

사탕은 모두 몇씩 몇 묶음인지 서로 다른 두 가지 방법으로 나타내 보세요.

● **생각하기** 몇씩 묶어야 남는 것이 없을지 생각해 봅니다.

● **해결하기** **1단계** 모두 묶으려면 몇씩 묶어야 하는지 알아보기

2씩, 4씩, 5씩, 10씩 묶으면 빠짐없이 묶을 수 있습니다.

2단계 몇씩 몇 묶음으로 나타내기

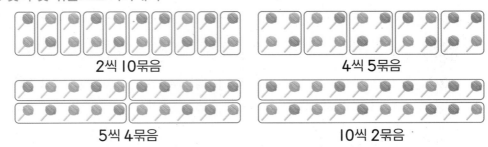

2씩 10묶음, 4씩 5묶음, 5씩 4묶음, 10씩 2묶음으로 나타낼 수 있습니다.

답 **예** 2씩 10묶음, 4씩 5묶음, 5씩 4묶음, 10씩 2묶음

1-1 과자는 모두 몇씩 몇 묶음인지 서로 다른 두 가지 방법으로 나타내 보세요.

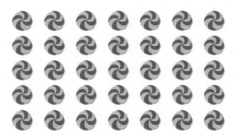

.... , ...

1-2 사과는 모두 몇씩 몇 묶음인지 서로 다른 두 가지 방법으로 나타내 보세요.

.... , ...

MATH TOPIC

2 몇 배 늘였는지 구하기

심화유형

세라는 5칸 길이의 고무줄을 그림과 같이 잡아 늘였습니다. 처음 고무줄의 길이의 몇 배가 되게 늘였을까요?

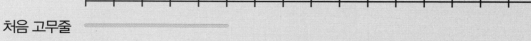

처음 고무줄

늘인 고무줄

● 생각하기   칸 수를 세어 각 고무줄의 길이를 알아봅니다.

● 해결하기   **1단계** 처음 고무줄과 늘인 고무줄의 길이는 각각 몇 칸과 같은지 알아보기

처음 고무줄의 길이: **5**칸, 늘인 고무줄의 길이: **15**칸

2단계 몇 배가 되게 늘였는지 구하기

15는 5씩 3묶음이므로 5의 3배입니다.
└─ 5, 10, 15
따라서 처음 고무줄의 길이의 **3**배가 되게 늘였습니다.

답 **3**배

2-1 주혜는 2칸 길이의 고무줄을 그림과 같이 잡아 늘였습니다. 처음 고무줄의 길이의 몇 배가 되게 늘였을까요?

처음 고무줄

늘인 고무줄

(   )

2-2 재경이는 3칸 길이의 고무줄을 12칸이 되도록 잡아 늘였습니다. 늘인 고무줄을 그리고, 처음 고무줄의 길이의 몇 배가 되게 늘였는지 구해 보세요.

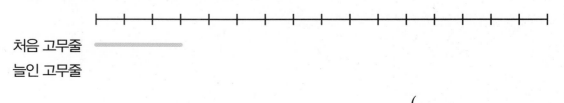

처음 고무줄

늘인 고무줄

(   )

MATH TOPIC 3

심화유형

일부분이 보이지 않을 때 전체 개수 구하기

모양이 규칙적으로 그려진 포장지에 물감을 쏟았습니다. 포장지에 그려져 있던 달 모양은 모두 몇 개일까요?

● 생각하기   가려진 부분까지 생각하여 달 모양이 몇씩 몇 묶음인지 알아봅니다.

● 해결하기   **1단계** 달 모양은 몇씩 몇 묶음인지 알아보기

가려진 부분에도 규칙적으로 달 모양이 그려져 있으므로 달 모양은 **9**씩 **3**묶음입니다.

또는 3씩 9묶음

2단계 달 모양은 모두 몇 개인지 구하기

9씩 **3**묶음 ➡ **9**의 **3**배 ➡ **9+9+9=9×3=27**(개)

답 **27**개

다른 풀이 | 3씩 9묶음 ➡ 3의 9배 ➡ 3+3+3+3+3+3+3+3+3=3×9=27(개)

3-1   모양이 규칙적으로 그려진 종이에 낙서를 했습니다. 종이에 그려져 있던 원 모양은 모두 몇 개일까요?

(   )

3-2   모양이 규칙적으로 그려진 이불에 강아지가 누워 있습니다. 이불에 그려진 별 모양은 모두 몇 개일까요?

(   )

M A T H TOPIC

심화유형 4

몇씩 몇 묶음으로 생각하여 구하기

오른쪽 색 도화지를 3장 겹쳐서 모양대로 오렸을 때, ♡ 모양과 ☆ 모양이 각각 몇 개씩 만들어지는지 차례로 써 보세요.

● **생각하기** 한 장에 그려진 모양의 수와 도화지의 수를 알아봅니다.

● **해결하기** **1단계** 각 모양이 몇씩 몇 묶음이 되는지 알아보기

♡ 모양은 한 장에 **2**개이므로 **3**장을 겹쳐서 오리면 **2**씩 **3**묶음이고,

☆ 모양은 한 장에 **3**개이므로 **3**장을 겹쳐서 오리면 **3**씩 **3**묶음입니다.

2단계 모양이 각각 몇 개씩 만들어지는지 구하기

♡ 모양 ➡ **2**씩 **3**묶음 ➡ **2**의 **3**배 ➡ $2+2+2=2\times3=6$(개)

☆ 모양 ➡ **3**씩 **3**묶음 ➡ **3**의 **3**배 ➡ $3+3+3=3\times3=9$(개)

답 **6**개, **9**개

4-1 색 도화지를 5장 겹쳐서 모양대로 오렸을 때, ㄸ 모양과 ㅅ 모양이 각각 몇 개씩 만들어지는지 차례로 써 보세요.

(   ), (   )

4-2 장미 3송이, 튤립 2송이를 모아 꽃다발을 만들었습니다. 같은 꽃다발이 4개 있다면 장미와 튤립이 각각 몇 송이인지 차례로 써 보세요.

(   ), (   )

곱셈을 활용하여 남은 개수 구하기

수현이는 한 봉지에 7개씩 들어 있는 사탕을 5봉지 가지고 있었습니다. 사탕을 4개씩 친구 6명에게 나누어 주었다면 남은 사탕은 몇 개일까요?

● 생각하기   (나누어 준 사탕 수) = (한 사람에게 준 사탕 수) × (나누어 준 사람 수)

● 해결하기   **1단계** 가지고 있던 사탕의 수 구하기

7개씩 5봉지 ➡ 7의 5배 ➡ 7＋7＋7＋7＋7＝7×5＝35(개)

2단계 나누어 준 사탕의 수 구하기

4개씩 6명 ➡ 4의 6배 ➡ 4＋4＋4＋4＋4＋4＝4×6＝24(개)

3단계 남은 사탕의 수 구하기

(남은 사탕의 수) = (가지고 있던 사탕의 수) － (나누어 준 사탕의 수)

＝35－24＝11(개)

답 11개

5-1 은정이는 한 봉지에 8개씩 들어 있는 젤리를 4봉지 가지고 있었습니다. 젤리를 5개씩 친구 5명에게 나누어 주었다면 남은 젤리는 몇 개일까요?

(   )

5-2 과일 가게에 복숭아가 한 상자에 6개씩 7상자 있습니다. 이 복숭아를 한 봉지에 4개씩 담아 6봉지를 팔았습니다. 남은 복숭아는 몇 개일까요?

(   )

5-3 한 묶음에 10장씩 들어 있는 색종이가 5묶음 있습니다. 이 색종이를 미술 시간에 7장씩 3명이 사용했습니다. 남은 색종이는 몇 장일까요?

(   )

MATH TOPIC

심화유형 **6**

상자에 들어 있는 물건의 전체 개수 구하기

사과가 한 상자에 3개씩 3줄 들어 있습니다. 4상자에 들어 있는 사과는 모두 몇 개일까요?

● 생각하기 한 상자에 들어 있는 사과의 수와 상자 수의 곱을 구합니다.

● 해결하기 **1단계** 한 상자에 들어 있는 사과의 수 구하기

3개씩 3줄 ➡ 3의 3배 ➡ $3+3+3=3\times3=9$(개)

2단계 4상자에 들어 있는 사과의 수 구하기

사과가 한 상자에 9개씩 4상자이므로

사과는 모두 $9+9+9+9=9\times4=36$(개)입니다.

답 **36**개

6-1 지우개가 한 상자에 4개씩 2줄 들어 있습니다. 5상자에 들어 있는 지우개는 모두 몇 개일까요?

( )

6-2 키위가 한 상자에 2개씩 3줄 들어 있습니다. 3상자를 묶어 한 묶음으로 판다면 한 묶음에 들어 있는 키위는 모두 몇 개일까요?

( )

6-3 호빵이 한 봉지에 5개씩 들어 있습니다. 2봉지를 한 상자에 넣어 판다면 3상자에 들어 있는 호빵은 모두 몇 개일까요?

( )

MATH TOPIC 7

심화유형

곱셈을 활용한 교과통합유형

수학+음악

4개의 줄이 있는 바이올린은 관현악단의 맨 앞 줄에서 연주하는데 제1바이올린 파트와 제2바이올린 파트가 있습니다. 어느 관현악단에 바이올린 연주자가 한 파트당 3명씩 있을 때 연주자들이 연주하는 바이올린의 줄 수는 모두 몇 개일까요?

● **생각하기** (바이올린 줄 수의 합) = 4 × (바이올린의 수)

● **해결하기** **1단계** 관현악단에 있는 바이올린의 수 구하기

한 파트당 바이올린이 **3**대씩 있고 관현악단의 바이올린 파트가 **2**개이므로 관현악단에 있는 바이올린은 모두 **3** + **3** = **3** × **2** = **6**(대)입니다.

2단계 바이올린 줄 수의 합 구하기

바이올린 한 대의 줄 수는 **4**개이므로 바이올린 **6**대의 줄 수의 합은

4 + **4** + **4** + **4** + **4** + **4** = **4** × $\boxed{}$ = $\boxed{}$ (개)입니다.

답 $\boxed{}$ 개

7-1

수학+과학

흰머리수리는 수릿과에 속하는 새로 주로 물고기, 새 등을 잡아먹고 삽니다. 부리가 날카롭고 윗부리는 먹이를 찢어 먹기 알맞게 아래쪽으로 꼬부라져 있으며 한쪽 발에 날카로운 발톱이 4개씩 있습니다. 강가에 흰머리수리 5마리가 무리지어 있다면 이 흰머리수리들의 발톱 수는 모두 몇 개일까요?

(   )

1 보기 와 같이 사각형을 그려 보고, 사각형 안에 있는 점의 수를 구하는 곱셈식을 나타내 보세요.

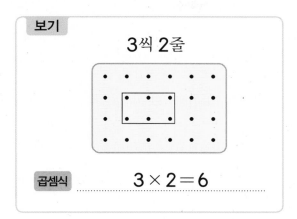

보기
3씩 2줄
곱셈식 $3 \times 2 = 6$

5씩 4줄
곱셈식 ....

2 도토리의 수를 알아보는 곱셈식 세 가지를 완성해 보세요.

$2 \times \boxed{} = \boxed{}$

$4 \times \boxed{} = \boxed{}$

$8 \times \boxed{} = \boxed{}$

3 나타내는 수가 큰 것부터 차례로 기호를 써 보세요.

> ㉠ 4씩 7묶음　　㉡ 5+5+5+5+5+5
> ㉢ 8의 3배　　㉣ 3×9

(　　　　　　　　)

서술형 4 그림과 같은 모양을 4개 만들려면 수수깡이 모두 몇 개 필요한지 풀이 과정을 쓰고 답을 구해 보세요.

풀이 ....

　　　　　...

　　　　　...

답 ....

5 ㉠과 ㉡의 차는 6의 몇 배와 같을까요?

> ㉠ 6의 3배
> ㉡ 6의 7배

(　　　　　　　　)

6 연아가 가지고 있는 구슬은 몇 개일까요?

> 지수: 나는 구슬을 **3**개 가지고 있어.
> 선호: 나는 구슬을 지수의 **3**배만큼 가지고 있어.
> 연아: 나는 구슬을 선호의 **7**배만큼 가지고 있어.

(   )

7 친구들이 가위바위보를 하였습니다. 펼친 손가락은 모두 몇 개일까요?

(   )

S T E
AM 형
■■●▲ 8

수학+과학

나이테는 나무 줄기를 가로로 잘랐을 때 나타나는 둥근 띠 모양의 무늬입니다. 보통 1년마다 하나씩 만들어지므로 나이테의 개수로 나무의 나이를 알 수 있습니다. 예를 들어 나이테가 10개이면 10년 된 나무입니다. 어느 나무의 나이테를 세어 봤더니 3개씩 묶어서 6번 세고 2개가 남았습니다. 이 나무는 몇 년 된 나무일까요?

(   )

9   30명의 학생들이 단체 사진을 찍으려고 합니다. 긴 의자 한 개에 9명씩 3개의 의자에 앉고 남은 학생들은 서서 찍는다면 서서 사진을 찍어야 하는 학생은 몇 명일까요?

(   )

10   숟가락 3개와 포크 3개가 있습니다. 숟가락과 포크를 하나씩 골라서 사용할 때 모두 몇 가지 방법으로 고를 수 있는지 구해 보세요.

$$\boxed{} \times \boxed{} = \boxed{} \text{(가지)}$$

서술형 11

초콜릿이 한 상자에 3개씩 2줄 들어 있습니다. 9상자에 들어 있는 초콜릿은 7상자에 들어 있는 초콜릿보다 몇 개 더 많은지 풀이 과정을 쓰고 답을 구해 보세요.

풀이

....

....

....

답 ....

STEAM형 12

수학+과학

토끼풀은 흔히 클로버라고도 불리는 풀로 잎이 대부분 3개이지만 종종 4개나 5개인 것도 있습니다. 잎이 4개인 토끼풀을 네잎클로버라고 부르는데 네잎클로버를 발견하면 행운이 온다고 믿기도 합니다. 세잎클로버 3개와 네잎클로버 2개를 찾았다면 찾은 클로버에 있는 잎은 모두 몇 개일까요?

(   )

13 ★에 들어갈 수를 구해 보세요.

> · 30은 5의 ■배입니다.
> · ■의 3배는 ★입니다.

(   )

14 수 카드 중 두 장을 골라 곱셈식을 만들려고 합니다. 계산 결과가 가장 크게 되도록 식을 완성하고 계산해 보세요.

$$\boxed{5} \quad \boxed{1} \quad \boxed{8} \quad \boxed{3} \quad \boxed{6}$$

$$\boxed{} \times \boxed{} = \boxed{}$$

15 바둑돌이 6개씩 6줄로 놓여 있습니다. 이 바둑돌을 똑같은 개수씩 4줄로 놓으려면 한 줄에 몇 개씩 놓아야 하는지 구해 보세요.

(   )

1 다음 길이 중 4cm짜리 막대 여러 개를 겹치지 않게 이어 붙여 만들 수 있는 길이를 모두 찾아 써 보세요.

| 10cm | 18cm | 28cm | 34cm | 40cm |

(   )

2 어떤 수 ■를 55번 더한 수와 ■를 52번 더한 수의 차가 12입니다. ■의 값을 구해 보세요.

(   )

연필 없이 생각 톡

도장으로 찍은 모양을 찾아보세요.

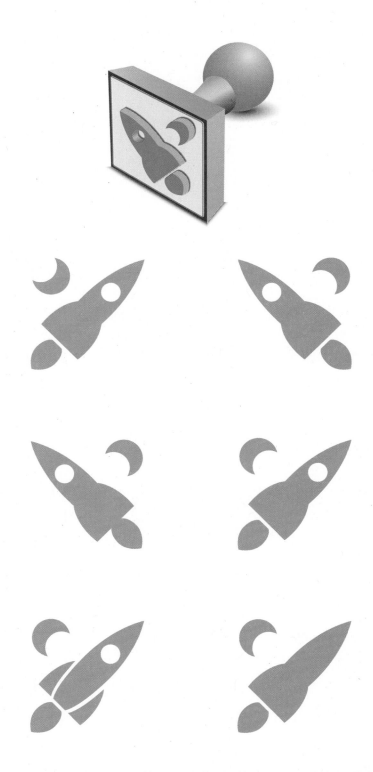

11 643에서 11씩 6번 뛰어 센 수는 얼마일까요?

(　　　　　　)

12 어떤 열차의 특실 좌석은 127석, 일반실 좌석은 808석입니다. 지금 일반실의 좌석이 30석 비어 있다면 일반실의 탑승객은 몇 명일까요?

앉을 수 있는 자리

기차에 탄 사람

(　　　　　　)

13 가장 큰 수와 가장 작은 수를 써 보세요.

745 　 459 　 457 　 795

가장 큰 수 (　　　　　　)

가장 작은 수 (　　　　　　)

14 4장의 수 카드 중 3장을 사용하여 세 자리 수를 만들려고 합니다. 만들 수 있는 수 중에서 둘째로 큰 수를 구해 보세요.

4　8　2　5

(　　　　　　)

15 수직선에서 ㉠이 나타내는 수를 구해 보세요.

㉠

417　457

(　　　　　　)

16 다음 동전 중 4개를 골라 만들 수 있는 가장 큰 금액과 가장 작은 금액을 구해 보세요.

100　100　100　10　10　1

가장 큰 금액 (　　　　　　)

가장 작은 금액 (　　　　　　)

17 가장 큰 수를 찾아 기호를 써 보세요.

> ㉠ 백의 자리 숫자가 1인 가장 큰 세 자리 수
> ㉡ 십의 자리 숫자가 8인 가장 작은 세 자리 수
> ㉢ 일의 자리 숫자가 9인 가장 작은 세 자리 수

(　　　　　　)

18 0부터 9까지의 수 중 □ 안에 들어갈 수 있는 수는 모두 몇 개일까요?

3□3 > 365

(　　　　　　)

19 서술형

어떤 수보다 50만큼 더 작은 수는 765입니다. 어떤 수보다 100만큼 더 큰 수는 얼마인지 풀이 과정을 쓰고 답을 구해 보세요.

풀이

답

20 서술형

다음에서 설명하는 세 자리 수를 모두 구하려고 합니다. 풀이 과정을 쓰고 답을 구해 보세요.

> • 557보다 크고 565보다 작습니다.
> • 십의 자리 수와 일의 자리 수의 차가 4입니다.

풀이

답

01 다음 중 틀린 것은 어느 것일까요? (   )

① 100은 10이 10개인 수입니다.
② 100이 7개인 수는 700입니다.
③ 100은 85보다 25만큼 더 큰 수입니다.
④ 997보다 3만큼 더 큰 수는 1000입니다.
⑤ 10이 30개인 수는 300입니다.

02 숫자 3이 나타내는 수가 932와 같은 수를 모두 찾아 써 보세요.

| 318 | 35 | 430 | 73 | 203 |

(   )

03 몇씩 뛰어서 센 것일까요?

| 243 | 293 | 343 | 393 | 443 |

(   )

04 □ 안에 알맞은 수를 써넣으세요.

643은 ┌ 100이 5개
        ├ 10이 □개
        └ 1이 13개

05 나타내는 수가 다른 것을 찾아 기호를 써 보세요.

㉠ 100이 7개, 10이 2개, 1이 3개인 수
㉡ 10이 70개, 1이 230개인 수
㉢ 100이 6개, 10이 12개, 1이 3개인 수

(   )

06 ㉠에 들어갈 수를 구해 보세요.

| ㉠ | | 304 | 314 | 324 |

(   )

07 경민이의 책꽂이에는 동화책 192권과 위인전 157권이 있습니다. 동화책과 위인전 중에서 어느 것이 더 많을까요?

(   )

08 과녁에 10개의 화살이 꽂혔습니다. 점수의 합은 몇 점인지 구해 보세요.

(   )

09 백의 자리 숫자가 9, 십의 자리 숫자가 3인 세 자리 수 중에서 가장 작은 수를 써 보세요.

(   )

10 100원짜리 동전 4개, 10원짜리 동전 35개, 1원짜리 동전 10개가 있습니다. 모두 10원짜리 동전으로 바꾸면 몇 개일까요?

(   )

최상위 수학

교내 경시 2단원 여러 가지 도형

이름   점수

01 전체 사각형의 꼭짓점도 되고 ②번 삼각형의 꼭짓점도 되는 점은 몇 개일까요?

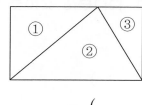

(   )

02 세 도형의 꼭짓점의 수를 더하면 모두 몇 개일까요?

(   )

03 그림에서 가장 많이 사용한 도형과 둘째로 많이 사용한 도형의 개수의 차는 몇 개일까요?

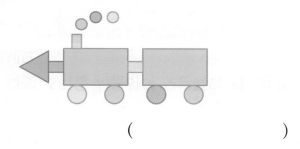

(   )

04 다음 도형을 점선을 따라 자를 때 생기는 도형을 모두 찾아 기호를 써 보세요.

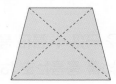

ㄱ 삼각형
ㄴ 사각형
ㄷ 원

(   )

05 다음 사각형에 곧은 선 3개를 그어 삼각형 6개를 만들어 보세요.

06 그림과 같이 색종이를 3번 접었다가 펼친 후 접힌 선을 따라 자르면 어떤 도형이 몇 개 만들어질까요?

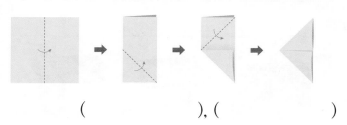

(   ), (   )

07 왼쪽 모양에서 쌓기나무를 빼내어 오른쪽 모양과 똑같게 만들려고 합니다. 빼내야 할 쌓기나무에 모두 ○표 하세요.

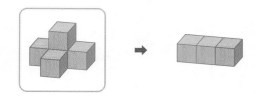

08 다음 설명에 맞는 도형을 점 종이 위에 그려 보세요.

• 변이 4개입니다.
• 도형의 안쪽에 점이 6개 있습니다.

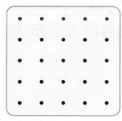

09 오른쪽 4개의 점 중에서 3개의 점을 이어 만들 수 있는 삼각형은 모두 몇 개일까요?

(   )

10 쌓기나무로 쌓은 모양에 대해 설명한 것입니다. 쌓은 모양을 찾아 기호를 써 보세요.

• 가장 높은 층은 2층입니다.
• 1층에 4개를 쌓았습니다.
• 쌓기나무 6개로 만들었습니다.

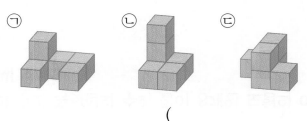

(   )

11 칠교판의 가장 큰 삼각형 조각은 가장 작은 삼각형 조각 몇 개로 덮을 수 있을까요?

(   )

12 칠교판의 조각들을 붙여 삼각형을 만들려고 합니다. 삼각형을 만들 수 없는 경우를 찾아 기호를 써 보세요.

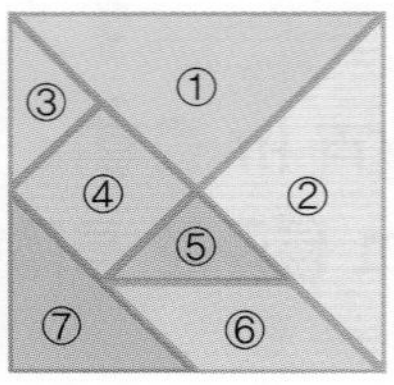

㉠ ③, ④, ⑤
㉡ ③, ⑤, ⑥
㉢ ②, ⑦

(   )

13 칠교판의 다섯 조각을 사용하여 오른쪽의 사각형을 만들어 보세요.

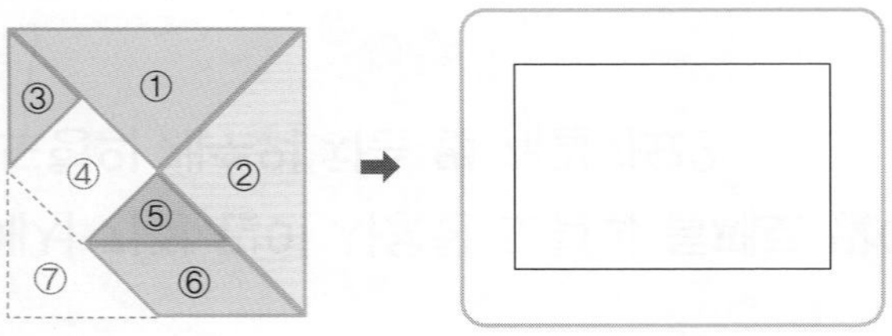

14 쌓기나무로 쌓은 모양을 앞에서 본 모양이 보기 와 같은 것을 찾아 기호를 써 보세요.

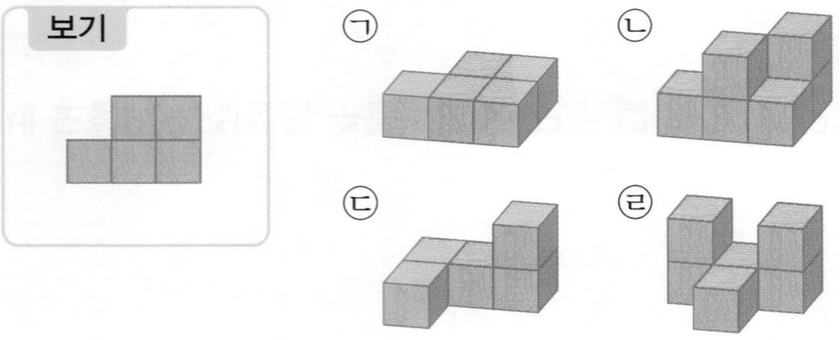

보기

㉠   ㉡

㉢   ㉣

(   )

15 삼각형 모양의 종이가 있습니다. 이 삼각형의 모든 변의 한가운데를 서로 곧은 선으로 이은 다음, 이은 선을 따라 가위로 자르면 어떤 도형이 몇 개 만들어질까요?

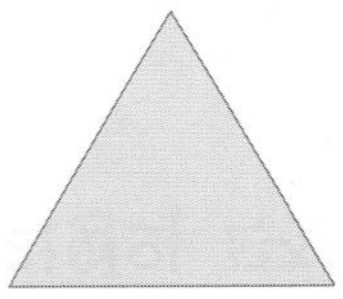

(   ), (   )

16 변의 수와 꼭짓점의 수의 합이 8개인 도형의 이름을 써 보세요.

(   )

17 칠교판에서 몇 조각을 골라 오른쪽 모양에 꼭 맞게 만들려고 합니다. 모양을 만들고 남은 칠교 조각은 몇 개일까요?

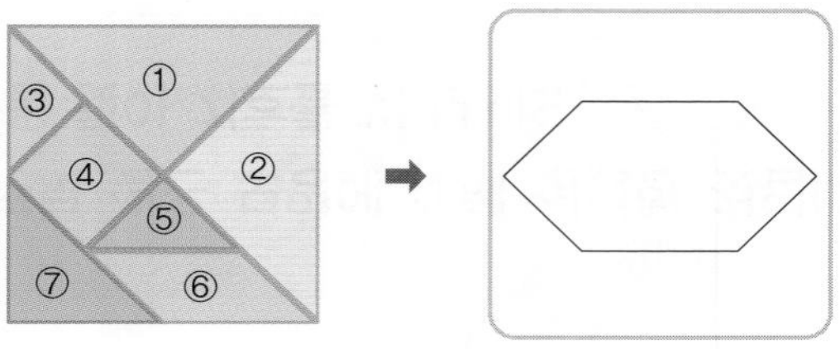

(   )

18 오른쪽 그림에서 찾을 수 있는 크고 작은 삼각형은 모두 몇 개일까요?

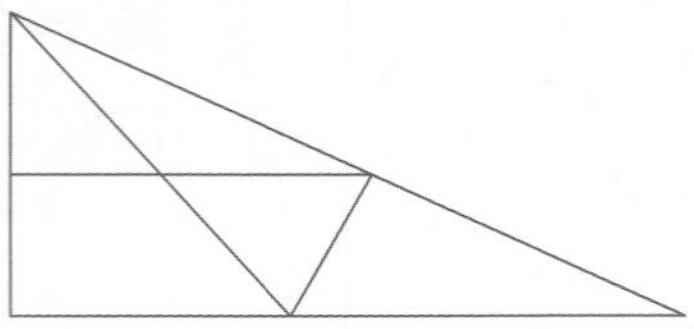

(   )

19 서술형 쌓기나무로 오른쪽 모양을 만들었더니 쌓기나무 4개가 남았습니다. 처음에 있던 쌓기나무는 몇 개인지 풀이 과정을 쓰고 답을 구해 보세요.

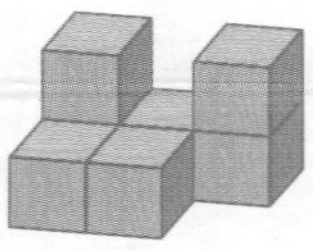

풀이

답

20 서술형 오른쪽에서 볼 때 쌓기나무가 3개 보이는 모양을 찾아 기호를 쓰려고 합니다. 풀이 과정을 쓰고 답을 구해 보세요.

㉠   ㉡   ㉢

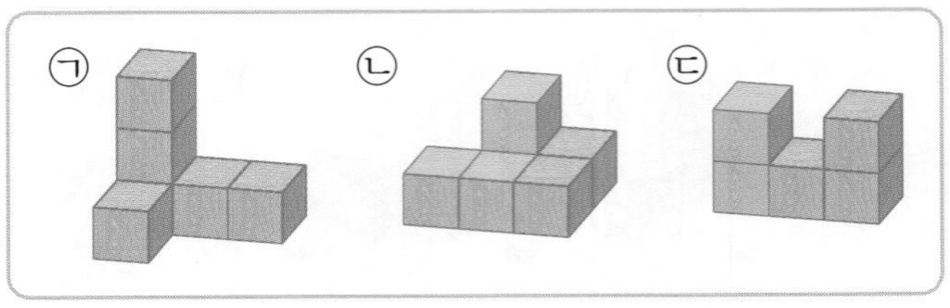

풀이

답

교내 경시 3단원 덧셈과 뺄셈

이름   점수

01 빈칸에 알맞은 수를 써넣으세요.

$$-17 \quad +49$$

63 →

02 세 수를 사용하여 덧셈식 2개와 뺄셈식 2개를 만들어 보세요.

37   91   54

덧셈식 (   )
     (   )
뺄셈식 (   )
     (   )

03 차가 26이 되는 두 수를 찾아 써 보세요.

6   34   45   8   9

(   )

04 42개의 의자에 15명이 앉았습니다. 의자에 모두 앉으려면 몇 명이 더 앉아야 할까요? (단, 의자 한 개에 한 명씩 앉습니다.)

(   )

05 □ 안에 알맞은 수를 써넣으세요.

$$58+34=60+34-\square=\square$$

06 53−37을 [보기] 와 같은 방법으로 계산해 보세요.

보기
$$82-29=82-22-7=53$$

$$53-37= \underline{\hspace{4cm}}$$

07 □ 안에 알맞은 수를 써넣으세요.

$$\begin{array}{r} \square\;4 \\ +\;4\;\square \\ \hline 7\;0 \end{array}$$

08 두 자리 수 중에서 십의 자리 숫자가 7인 가장 작은 수와 십의 자리 숫자가 3인 가장 큰 수의 차를 구해 보세요.

(   )

09 27보다 크고 57보다 작은 수 중에서 일의 자리 숫자가 5인 두 자리 수를 모두 더한 값은 얼마일까요?

(   )

10 재진이네 농장에서 소 몇 마리와 돼지 37마리를 합하여 모두 53마리를 기르고 있습니다. 재진이네 농장에서 기르는 소는 몇 마리인지 □를 사용하여 식을 쓰고 □의 값을 구해 보세요.

식 _____

□의 값 _____

11 □ 안에 들어갈 수 있는 수 중에서 가장 작은 수는 얼마일까요?

$$53 - □ < 39$$

( )

12 4장의 수 카드를 한 번씩 사용하여 합이 가장 큰 (두 자리 수)+(두 자리 수)의 덧셈식을 만들었을 때 계산 결과를 구해 보세요.

4 2 3 6

( )

13 어떤 수에 18을 더해야 할 것을 잘못하여 뺐더니 19가 되었습니다. 바르게 계산한 값을 구해 보세요.

( )

14 4장의 수 카드 4 , 8 , 2 , 7 을 이용하여 다음 식을 완성해 보세요.

$$\boxed{}\boxed{} - \boxed{}\boxed{} = 35$$

15 예원이는 연필을 23자루 가지고 있었습니다. 그중 에서 몇 자루를 친구에게 주고 나니 15자루가 남았 습니다. 친구에게 준 연필은 몇 자루인지 구해 보세요.

( )

16 수직선에서 □ 안에 알맞은 수를 써넣으세요.

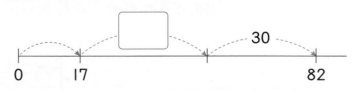

17 81을 넣으면 36이 나오는 뺄셈 상자가 있습니다. 이 상자에서 48이 나오려면 얼마를 넣어야 할까요?

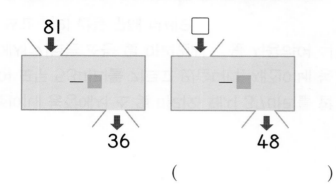

( )

18 이웃하는 세 수의 합이 다음과 같도록 수 카드를 놓 으려고 합니다. 오른쪽 맨 끝에 놓일 카드의 수를 구 해 보세요.

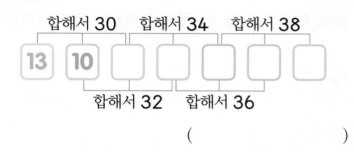

( )

19 연아, 준혁, 지우가 각자 가진 딱지의 수를 말한 것 입니다. 대화를 읽고 지우가 가지고 있는 딱지는 몇 장인지 풀이 과정을 쓰고 답을 구해 보세요.

> 연아: 나는 준혁이보다 14장 더 많아!
> 준혁: 나는 3장만 더 있으면 20장이야.
> 지우: 나는 연아보다 7장 더 적어.

풀이

답

20 코끼리 버스에 33명이 타고 있었는데 동물원에서 16명이 내리고 미술관에서 4명이 내렸습니다. 더 탄 사람이 없다면 지금 버스에 타고 있는 사람은 몇 명인지 풀이 과정을 쓰고 답을 구해 보세요.

풀이

답

01 가장 긴 것을 찾아 기호를 써 보세요.

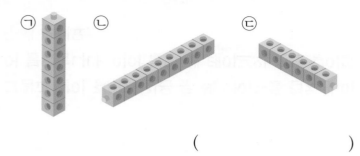

(   )

02 민지가 집에서부터의 거리를 걸음으로 잰 것입니다. 민지의 집에서 가장 가까운 곳은 어디일까요?

학교	99걸음쯤
문방구	70걸음쯤
놀이터	35걸음쯤

(   )

03 작은 사각형의 한 변의 길이는 1cm로 모두 같습니다. 빨간색 선의 길이는 몇 cm일까요?

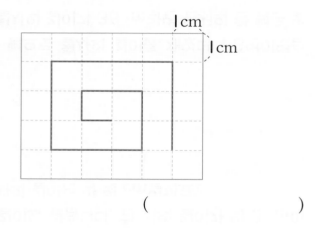

(   )

04 나뭇잎의 길이는 약 몇 cm일까요?

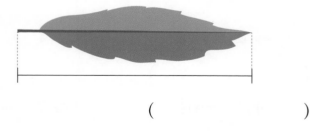

(   )

05 연필의 길이가 12cm일 때 우산의 길이는 몇 cm일까요?

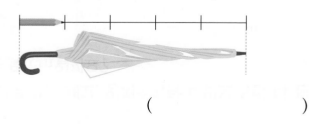

(   )

06 가에서 나까지 연결된 선의 길이는 모두 몇 cm일까요?

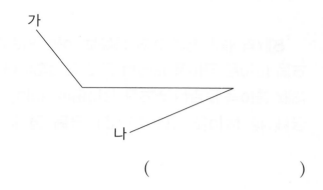

(   )

07 에어컨의 높이를 뼘으로 재어 나타낸 것입니다. 한 뼘의 길이가 가장 짧은 사람은 누구일까요?

정은	신애	하준
16뼘쯤	19뼘쯤	18뼘쯤

(   )

08 사각형의 가장 긴 변의 길이는 가장 짧은 변의 길이보다 몇 cm 더 길까요?

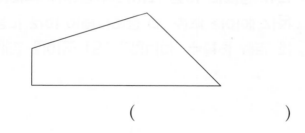

(   )

09 자석의 길이를 바르게 어림한 사람은 누구일까요?

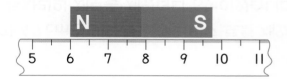

은석: 10cm에 가까우니까 약 10cm야.

민희: 9 − 6 = 3이니까 약 3cm야.

주원: 6부터 10까지 1cm가 4번이니까 약 4cm야.

(   )

10 피아노의 가로 길이는 붓으로 재면 3번이고, 볼펜으로 재면 6번입니다. 붓의 길이는 볼펜으로 몇 번 잰 길이와 같을까요?

(   )

11 팔 길이로 2번 재고, 엄지손가락 너비로 5번 더 잰 길이는 몇 cm일까요?

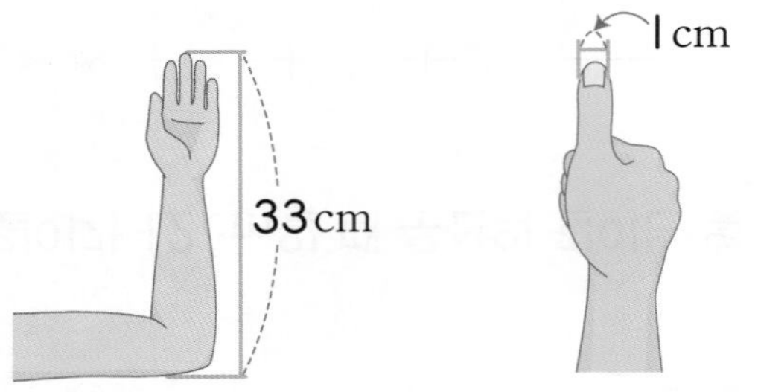

I cm

33cm

팔 길이

엄지손가락 너비

( )

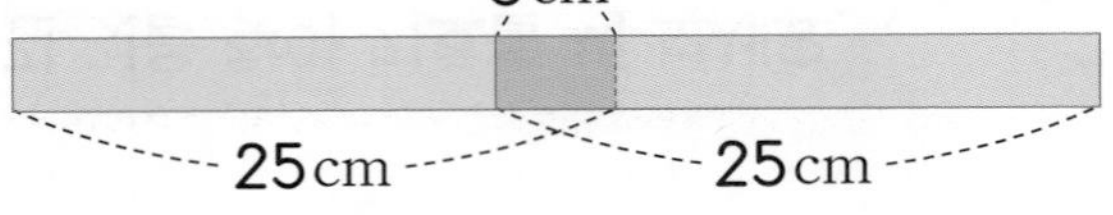

16 지팡이의 길이는 선예의 뼘으로 7번입니다. 선예의 뼘으로 21번 잰 시소의 길이는 지팡이의 길이로 몇 번일까요?

( )

12 우리나라 전통 단위인 한 '자'의 길이는 한 '치'로 10 번 잰 길이와 같습니다. 한 치의 길이가 약 3cm이 면 두 자의 길이는 약 몇 cm일까요?

( )

17 식탁의 높이는 야광봉으로 4번입니다. 이 야광봉의 길이는 길이가 5cm인 머리핀으로 6번입니다. 식탁의 높이는 몇 cm일까요?

( )

13 현서가 뼘으로 철사의 길이를 재었더니 3번이었습 니다. 철사의 길이가 36cm라면 현서의 한 뼘은 몇 cm일까요?

( )

18 길이가 47cm인 막대로 돗자리의 가로를 재었더니 8번, 돗자리의 세로를 재었더니 6번이었습니다. 돗 자리의 가로는 세로보다 몇 cm 더 길까요?

( )

14 민수의 키는 길이가 20cm인 주걱으로 7번 잰 길 이와 같고, 희주의 키는 길이가 30cm인 국자로 5 번 잰 길이와 같습니다. 둘 중 키가 더 큰 사람은 누 구일까요?

( )

19 서술형

수첩의 세로 길이는 15cm입니다. 수첩의 세로 길 이를 다음과 같이 어림하였을 때, 실제 길이에 가장 가깝게 어림한 사람은 누구인지 풀이 과정을 쓰고 답을 구해 보세요.

청아	상희	태영
약 13cm	약 18cm	약 12cm

풀이

답

15 그림과 같이 길이가 같은 두 색 테이프를 겹치게 이 어 붙였습니다. 이어 붙인 색 테이프의 전체 길이를 구해 보세요.

5cm

25cm 25cm

( )

20 서술형

상민이의 한 뼘은 12cm이고, 경아의 한 뼘은 15cm입니다. 상민이가 뼘으로 나무의 높이를 재었 더니 5번이었다면 같은 나무의 높이는 경아의 뼘으 로 몇 번인지 풀이 과정을 쓰고 답을 구해 보세요.

풀이

답

최상위 수학

교내 경시 5단원 분류하기

이름　점수

[01~04] 여러 가지 도형을 보고 물음에 답하세요.

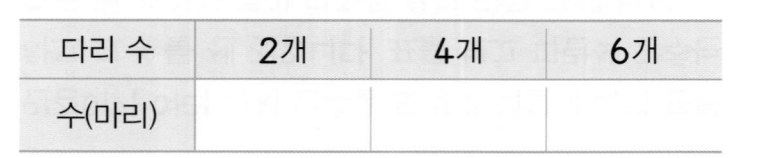

01 모양에 따라 분류하여 번호를 써넣으세요.

삼각형	사각형	원

02 모양에 따라 분류하고 그 수를 세어 보세요.

모양	삼각형	사각형	원
수(개)			

03 색깔에 따라 분류하면 모두 몇 가지로 분류할 수 있을까요?

(　　　　　　　)

04 색깔에 따라 분류하고 그 수를 셀 때, 가장 많은 것은 무슨 색일까요?

(　　　　　　　)

05 희준이가 가지고 있는 여러 가지 물건입니다. 모양에 따라 분류하고 그 수를 세어 보세요.

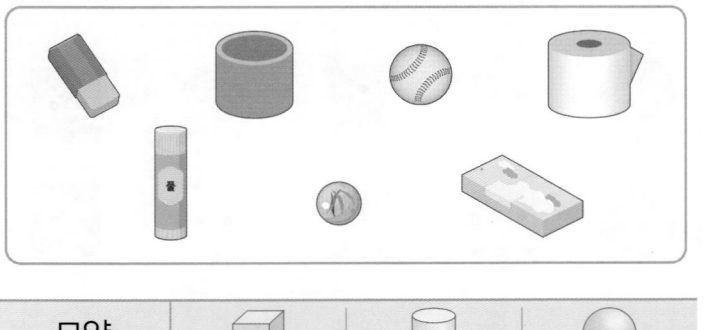

모양	⬜	⬛	⚪
수(개)			

[06~08] 여러 가지 동물을 보고 물음에 답하세요.

06 다리 수에 따라 분류하고 그 수를 세어 보세요.

다리 수	2개	4개	6개
수(마리)			

07 날개에 따라 분류하고 그 수를 세어 보세요.

날개	있는 것	없는 것
수(마리)		

08 날개가 있는 동물 중 다리가 6개인 것을 찾아 모두 ○표 하세요.

[09~10] 연수네 가족이 대형 마트에서 산 물건들입니다. 물음에 답하세요.

09 물건을 종류에 따라 분류하고 그 수를 세어 보세요.

종류	학용품	음료	과일	의류
수(개)				

10 연수네 가족이 물건을 사지 않은 층은 몇 층일까요?

(　　　　　　　)

층	코너
3	전자제품
2	의류, 학용품
1	식품

[11~15] 여러 가지 종류의 도깨비 인형을 보고 물음에 답하세요.

11 인형을 분류하는 기준이 될 수 없는 것을 찾아 기호를 써 보세요.

ㄱ 색깔　　　ㄴ 눈의 수　　　ㄷ 다리의 수

(　　　　　)

12 인형을 모양에 따라 분류하면 몇 가지로 분류할 수 있을까요?

(　　　　　)

13 인형을 뿔의 수에 따라 분류하고 그 수를 세어 보세요.

뿔의 수	1개	2개	3개
수(개)			

14 노란색이 아닌 인형은 모두 몇 개일까요?

(　　　　　)

15 다음 조건을 만족하는 인형은 모두 몇 개일까요?

· 눈이 1개입니다.
· 노란색입니다.

(　　　　　)

16 다음 식기들을 기준을 정하여 분류해 보세요.
서술형

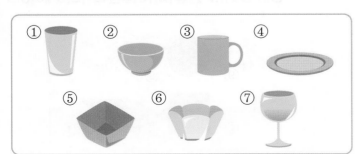

분류 기준: ....

[17~19] 여러 가지 아이스크림을 보고 물음에 답하세요.

● 초콜릿 맛　　○ 바나나 맛

17 맛에 따라 분류하고 그 수를 세어 보세요.

맛		
수(개)		

18 두 가지 기준에 따라 분류하고 그 수를 세어 보세요.

모양 ＼ 맛	초콜릿 맛	바나나 맛
🍦	3개	
🍡		
🍶		

19 18번 분류 결과를 보고 알맞은 것에 ○표 하세요.

가장 많은 아이스크림은 (🍦 , 🍡 , 🍶) 모양의
(초콜릿 , 바나나) 맛입니다.

20 민경이가 여러 가지 단추를 모양과 색깔에 따라 분류
서술형 하고 그 수를 센 것입니다. 표를 보고 파란색 단추는
모두 몇 개인지 풀이 과정을 쓰고 답을 구해 보세요.

모양 ＼ 색깔	빨간색	노란색	파란색
원	5개	7개	11개
사각형	10개	9개	6개

풀이 ....

....

답 ....

01 사탕의 수를 잘못 나타낸 것은 어느 것일까요?

(　　　　　)

① 3씩 8묶음　　　　② 4씩 6묶음
③ 6씩 4묶음　　　　④ 7씩 3묶음
⑤ 8씩 3묶음

02 나머지 넷과 값이 다른 것은 어느 것일까요?

(　　　　　)

① 6씩 3묶음　　　　② 3의 6배
③ 6+6+6+6　　　④ 6×3
⑤ 9 곱하기 2

03 □ 안에 알맞은 수를 써넣으세요.

$5 \times \boxed{} = \boxed{}$

$10 \times \boxed{} = \boxed{}$

04 구슬의 수를 나타내는 곱셈식이 아닌 것을 골라 기호를 써 보세요.

㉠ 2×8　㉡ 3×5　㉢ 4×4　㉣ 8×2

(　　　　　)

05 관계있는 것끼리 선으로 이어 보세요.

| 5씩 5묶음 | · | | · | 36 |

| 9의 4배 | · | | · | 25 |

06 빈칸에 알맞은 수를 써넣으세요.

$3 \times 4 = 6 \times \boxed{}$

07 8의 9배보다 16만큼 더 큰 수는 8의 몇 배일까요?

(　　　　　)

08 종석이네 집에서는 개 5마리와 닭 5마리를 기르고 있습니다. 종석이네 집에서 기르는 개와 닭의 다리는 모두 몇 개일까요?

(　　　　　)

09 꽃병이 한 탁자에 4개씩 2개의 탁자에 놓여 있습니다. 꽃병 하나에 장미가 각각 3송이씩 꽂혀 있다면 장미는 모두 몇 송이일까요?

(　　　　　)

10 주혁이는 티셔츠 4개와 바지 5개를 가지고 있습니다. 티셔츠와 바지를 하나씩 골라서 입을 때 모두 몇 가지 방법으로 고를 수 있을까요?

(　　　　　)

11 일주일은 7일입니다. 이 달의 날수가 4주보다 2일 더 많다면 이 달의 날수는 며칠일까요?

( )

12 ★이 얼마인지 구해 보세요.

> · 40은 8의 ■배입니다.
> · ■의 3배는 ★입니다.

( )

13 가연이는 초콜릿을 44개 가지고 있습니다. 하루에 8개씩 6일 동안 먹으려면 몇 개가 부족할까요?

( )

14 면봉 24개로 다음과 같은 집 모양을 몇 개 만들 수 있을까요?

( )

15 준희네 반 남학생은 4명씩 3모둠이고, 여학생은 3명씩 5모둠입니다. 오늘 남학생 1명이 학교에 오지 못했다면 오늘 출석한 학생은 몇 명일까요?

( )

16 수 카드 중 두 장을 골라 두 수의 곱을 구하려고 합니다. 구할 수 있는 가장 큰 곱을 구해 보세요.

6 3 2 7

( )

17 놀이터에 바퀴가 4개인 유아차 6대와 세발자전거 몇 대가 있습니다. 유아차의 바퀴 수의 합과 세발자전거의 바퀴 수의 합이 같을 때 놀이터에 세발자전거는 몇 대 있을까요?

( )

18 2의 90배는 얼마인지 구해 보세요.

( )

19 서술형 배가 한 상자에 9개씩 4상자 있습니다. 이 배를 한 봉지에 3개씩 담아 5봉지를 팔았습니다. 남은 배는 몇 개인지 풀이 과정을 쓰고 답을 구해 보세요.

풀이

답

20 서술형 1부터 9까지의 수 중 □ 안에 들어갈 수 있는 수는 모두 몇 개인지 구하려고 합니다. 풀이 과정을 쓰고 답을 구해 보세요.

$$7 \times \square < 23$$

풀이

답

1 세 수에서 숫자 7이 나타내는 수의 합을 구해 보세요.

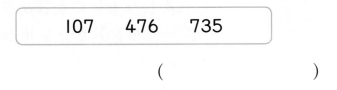

| 107 | 476 | 735 |

(   )

2 54＋18을 계산하려고 합니다. □ 안에 알맞은 수를 써넣으세요.

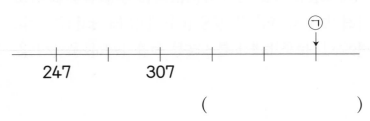

$$54+18=54+6+\boxed{}$$
$$=\boxed{}+\boxed{}$$
$$=\boxed{}$$

3 몇씩 뛰어 센 수를 수직선에 나타냈습니다. ㉠이 나타내는 수를 구해 보세요.

㉠

247   307

(   )

[4~5] 지영이네 반 학생들이 좋아하는 계절입니다. 물음에 답하세요.

봄	여름	가을	가을	겨울
여름	봄	겨울	봄	겨울
봄	가을	가을	겨울	봄
봄	가을	봄	여름	봄

4 계절에 따라 분류하고 그 수를 세어 보세요.

계절				
수(명)				

5 가장 많은 학생들이 좋아하는 계절과 가장 적은 학생들이 좋아하는 계절의 학생 수의 차는 몇 명일까요?

(   )

6 세진이는 사탕을 6개씩 4묶음 가지고 있고, 종수는 사탕을 5의 5배만큼 가지고 있습니다. 사탕을 더 많이 가지고 있는 사람은 누구일까요?

(   )

7 그림을 보고 □ 안에 알맞은 수를 써넣으세요.

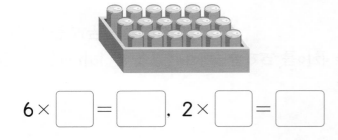

$$6\times\boxed{}=\boxed{}\ ,\ 2\times\boxed{}=\boxed{}$$

8 가장 긴 리본을 가지고 있는 사람을 찾아 이름을 써 보세요.

> 은경: 내 리본은 면봉으로 3번이야.
> 도원: 내 리본은 연필로 3번이야.
> 지수: 내 리본은 야구 방망이로 3번이야.

(   )

9 주영이는 곶감을 10개씩 4묶음과 낱개 16개를 가지고 있고, 태호는 주영이보다 18개 더 많이 가지고 있습니다. 태호가 가지고 있는 곶감은 몇 개일까요?

(   )

10 다음과 같은 나무막대 5개의 길이는 모두 몇 cm인지 곱셈식으로 나타내고 답을 구해 보세요.

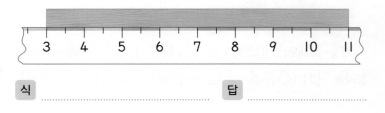

식 ....   답

11 ㉠, ㉡, ㉢ 중에서 가장 큰 수를 찾아 기호를 써 보세요.

$$57 - ㉠ = 29$$
$$㉡ - 14 = 19$$
$$5 + ㉢ = 22$$

(   )

12 다음 그림에서 찾을 수 있는 크고 작은 사각형은 모두 몇 개일까요?

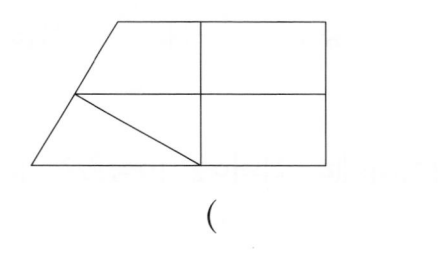

(   )

13 성규가 빵집에서 빵과 음료수를 1개씩 골라 주문하려고 합니다. 빵집에 빵이 3가지, 음료수가 4가지 있을 때 주문할 수 있는 방법은 모두 몇 가지일까요?

(   )

14 칠교판의 다섯 조각을 이용하여 오른쪽 모양을 만들어 보세요.

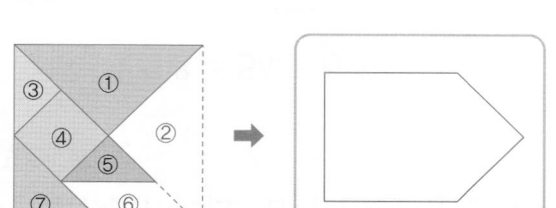

15 사과가 한 상자에 10개씩 들어 있는 상자를 오른쪽 그림과 같이 쌓아 놓았습니다. 상자 안에 들어 있는 사과는 모두 몇 개일까요?

(   )

16 왼쪽 쌓기나무를 이용하여 탑을 쌓았습니다. 탑의 높이는 몇 cm인지 곱셈식으로 나타내 구해 보세요.

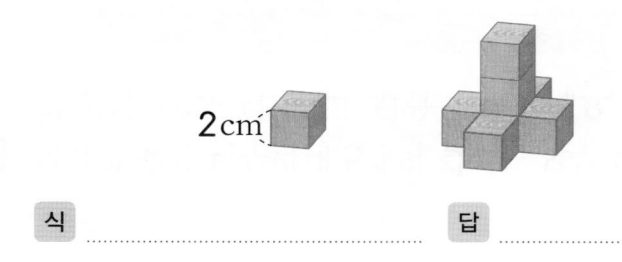

2cm

식   답

17 면봉으로 스케치북의 가로 길이를 재어 보니 10번이고, 세로 길이를 재어 보니 6번입니다. 스케치북의 가로와 세로 길이의 차가 20cm일 때, 스케치북의 세로 길이는 몇 cm일까요?

(   )

18 여러 가지 모양의 단추를 주어진 조건에 따라 분류하려고 합니다. 분류했을 때 단추의 개수가 가장 많은 것의 기호를 써 보세요.

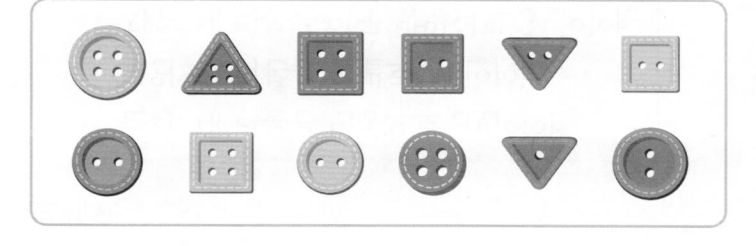

㉠ 변의 수가 3개이고 구멍이 2개인 것
㉡ 변의 수가 4개이고 구멍이 4개인 것
㉢ 변의 수가 0개이고 구멍이 2개인 것

(   )

19 0부터 9까지의 수 중 ☐ 안에 공통으로 들어갈 수 있는 수를 모두 구해 보세요.

$$337 < 3\square5$$
$$259 > 2\square8$$

(   )

20 오른쪽 그림에서 한 원 안에 있는 네 수의 합은 모두 90입니다. ㉠ − ㉡ + ㉢을 구해 보세요.

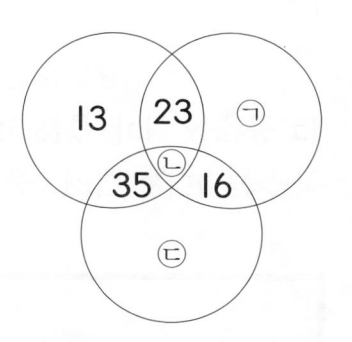

(   )

1 수의 크기를 비교하여 작은 수부터 차례로 써 보세요.

> 534   481   489

(   )

2 값이 큰 것부터 차례로 기호를 써 보세요.

> ㉠ 4씩 5줄   ㉡ 3의 8배
> ㉢ 6×3   ㉣ 5씩 6묶음

(   )

3 다음 수는 10이 몇 개인 수와 같은지 구해 보세요.

> 100이 4개, 10이 27개, 1이 40개인 수

(   )

4 방에 있는 물건을 책장에 분류하여 정리하였습니다. 잘못 분류되어 있는 물건 하나를 찾아 바르게 분류해 보세요.

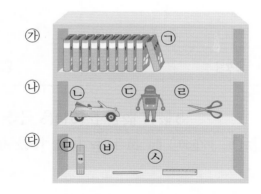

(   ) 물건을 (   ) 칸으로 옮겨야 합니다.

5 영수, 지호, 우림이가 책상의 긴 쪽의 길이를 뼘으로 각각 재었더니 영수는 5번쯤, 지호는 8번쯤, 우림이는 7번쯤이었습니다. 한 뼘의 길이가 가장 짧은 사람은 누구일까요?

(   )

6 75＋28을 여러 가지 방법으로 계산하려고 합니다. 계산 방법이 틀린 것을 모두 고르세요.

(   )

① 75에 20을 더한 후 8을 더합니다.
② 70과 20의 합에 5와 8의 합을 더합니다.
③ 75에 30을 더한 후 1을 **뺍니다**.
④ 75에 5를 더한 후 25를 더합니다.
⑤ 80에 28을 더한 후 5를 **뺍니다**.

[7~8] 여러 가지 도형을 보고 물음에 답하세요.

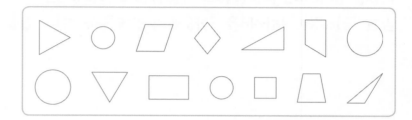

7 도형을 꼭짓점의 수에 따라 분류하고 그 수를 세어 보세요.

꼭짓점의 수	3개	4개	0개
수(개)			

8 가장 많이 있는 도형의 꼭짓점은 모두 몇 개인지 곱셈식으로 나타내 보세요.

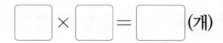

□ × □ = □ (개)

9 민정이의 나이는 9살입니다. 민정이 아버지의 나이는 민정이 나이의 5배보다 3살 더 적습니다. 민정이 아버지의 나이는 몇 살일까요?

(   )

10 4장의 수 카드를 모두 사용하여 두 자리 수의 **뺄셈**식을 만들려고 합니다. 차가 가장 큰 **뺄셈**식을 쓰고 계산해 보세요.

> 5   2   4   8

식 ....   답 ....

11 성수는 저금통에 동전을 모았습니다. 모은 동전을 종류에 따라 분류하여 수를 세어 보고, 성수가 모은 돈은 모두 얼마인지 구해 보세요.

종류	100원짜리	50원짜리	10원짜리
수(개)			

(   )

12 다음과 같이 뛰어 세기 할 때 ⊙에서 30씩 4번 뛰어 센 수는 얼마인지 구해 보세요.

443   483   543   ⊙

(   )

13 수가 적힌 칠교판 중 네 조각으로 만든 모양이 오른쪽과 같을 때 남은 조각에 있는 세 수의 합을 구해 보세요.

18 62
20   62
18
36   19   →

(   )

14 쌓기나무로 쌓은 모양을 앞에서 본 모양이 보기와 같은 것을 찾아 기호를 써 보세요.

보기

⊙   ⊙   ⊙

(   )

15 길이가 1cm, 2cm, 3cm인 막대가 각각 3개씩 있습니다. 이 막대를 겹치지 않게 이어 붙여 길이가 10cm인 막대를 만들려고 합니다. 모두 몇 가지 방법이 있을까요? (단, 모든 막대를 사용하지 않아도 됩니다.)

(   )

16 주어진 네 조각으로 삼각형을 만들 수 없는 것을 찾아 기호를 써 보세요.

③ ①
④   ②
⑤
⑦   ⑥

⊙ ①, ③, ④, ⑤
⊙ ①, ②, ⑥, ⑦
⊙ ②, ③, ⑤, ⑦

(   )

17 울타리 하나에 기둥이 8개 있고, 기둥 사이에 리본이 1개씩 달려 있습니다. 같은 울타리 7개에 있는 기둥과 리본은 모두 몇 개인지 구해 보세요.

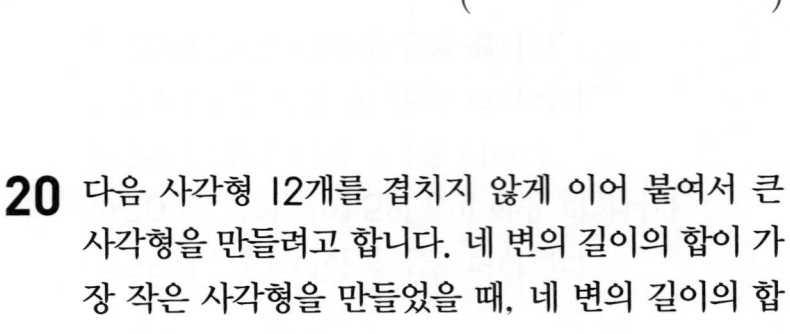

(   )

18 기태와 효주가 각자 자기가 가지고 있는 실의 길이를 재었더니 뼘으로 5번씩입니다. 기태의 실이 효주의 실보다 20cm 더 길다면 기태의 한 뼘의 길이는 효주의 한 뼘의 길이보다 몇 cm 더 길까요?

(   )

19 어느 동물보호소에 있는 강아지와 고양이는 모두 55마리이고 강아지는 고양이보다 5마리 더 적다고 합니다. 동물보호소에 있는 고양이는 몇 마리일까요?

(   )

20 다음 사각형 12개를 겹치지 않게 이어 붙여서 큰 사각형을 만들려고 합니다. 네 변의 길이의 합이 가장 작은 사각형을 만들었을 때, 네 변의 길이의 합은 몇 cm일까요?

1 cm
1 cm

(   )

칠교판

● 가위로 오려 2단원 학습에 사용하세요.

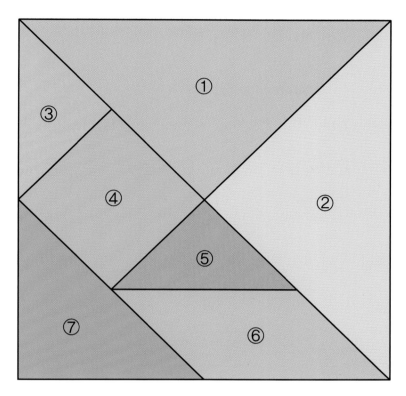

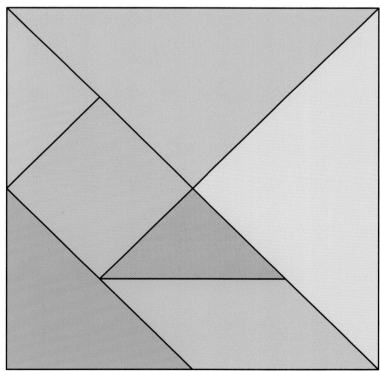

디딤돌과 함께하는 4가지 방법

NAVER 카페

http://cafe.naver.com/
didimdolmom

교재 선택부터 맞춤 학습 가이드,
이웃맘과 선배맘들의 경험담과 정보까지
가득한 디딤돌 학부모 대표 커뮤니티

디딤돌 홈페이지

www.didimdol.co.kr

교재 미리 보기와 정답지, 동영상 등
각종 자료들을 만날 수 있는
디딤돌 공식 홈페이지

Instagram

@didimdol_mom

카드 뉴스로 만나는 디딤돌 소식과
손쉽게 참여 가능한 리그램 이벤트가
진행되는 디딤돌 인스타그램

YouTube

검색창에 디딤돌교육 검색

생생한 개념 설명 영상과
문제 풀이 영상으로 학습에 도움을 주는
디딤돌 유튜브 채널

계산이 아닌　　　개념을 깨우치는

수학을 품은 연산

디딤돌
연산 은
수학 이다.

1~6학년(학기용)

수학 공부의 새로운 패러다임

정답과 풀이

초등 **2·1**

초등 2·1

상위권의 기준

최상위
수학

새 교육과정 반영

수학 좀 한다면

디딤돌

SPEED 정답 체크

1 세 자리 수

⊙ BASIC TEST

1 백, 몇백 ∣11쪽

1 (1) 98, 100 (2) 90, 100   **2** ③

3 600개

4 예) 10이 10개이면 100이므로 사과 10개씩 10상자는 모두 100개입니다.

5 (○)   **6** 8개
   (×)
   (○)

2 세 자리 수, 자릿값 ∣13쪽

1 (위에서부터) 8, 1, 7 / 800, 10, 7

2 (1) 900 (2) 30 (3) 0

3 예) 왼쪽의 9는 십의 자리 숫자이므로 90을 나타내고, 오른쪽의 9는 일의 자리 숫자이므로 9를 나타냅니다.

4 ┌ 10이 30개 ➡ 300 ┐
                  ├ 350
   └ 10이 5개 ➡ 50 ┘

5 585, 591   **6** ★★♡♡♡♡■

3 뛰어 세기, 수의 크기 비교하기 ∣15쪽

1 (1) 389, 689 (2) 999, 1000

2 193, 202, 292

3 > / 예) 백의 자리 수가 5로 같으므로 십의 자리 수를 비교하면 1>0입니다. 따라서 511이 508보다 큽니다.

4 ⓒ, ⑤, ⓒ   **5** 800원   **6** 299, 300, 301

MATH TOPIC ∣16~23쪽

1-1 3상자	**1-2** 100원	**1-3** 6상자
2-1 800	**2-2** 500	**2-3** 800
3-1 723	**3-2** 553	**3-3** 660장
4-1 205	**4-2** 863	
5-1 8, 9	**5-2** 4개	
6-1 238, 588	**6-2** 573, 693	

7-1 488−558−628−698

7-2 523−583−643−703

심화유형 **8** 141, 138, 육상, 수영 / 육상, 수영

8-1 초등학교, 중학교, 고등학교, 특수학교

◣ LEVEL UP TEST ∣24~27쪽

1 6개   **2** 300원

3 260원, 251원, 211원, 161원   **4** 575, 750

5 920개   **6** 392   **7** 광개토대왕

8 861, 106   **9** 7, 8   **10** 5개

◤◥ HIGH LEVEL ∣28쪽

1 39   **2** 150   **3** 499

2 여러 가지 도형

⊙ BASIC TEST

1 삼각형, 사각형 ∣33쪽

1 예)

2 ⊙, ⓒ

3 예)

4 6개

5 삼각형, 사각형

6 예)

1 정답과 풀이

2 원 35쪽

1 ( ) ( ) ( )   **2** ①, ④
(○) ( ) (○)

3 지호   **4** (위에서부터) 0, 3 / 0, 3

5 ③   **6** 사각형, 5개

3 모양 만들기 37쪽

1 5개, 2개   **2**

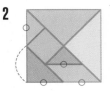

3

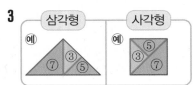

4

5 예

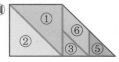

6 16개

4 쌓기나무 39쪽

1 ( ) (○)   **2** 왼쪽에 ○표, 뒤에 ○표

3 ㉢   **4** ㉠   **5** ㉠   **6** ㉡

MATH TOPIC 40~47쪽

1-1 7개   **1-2** 4개   **1-3** 9개

2-1 삼각형, 8개   **2-2** 삼각형, 16개

3-1 ㉢, ㉤   **3-2** ㉢

4-1 12개   **4-2** 9개

5-1 ㉠   **5-2** ㉢

6-1 ㉢

7-1 예   **7-2** 예

8-1 원, 10개

✖ LEVEL UP TEST 48~51쪽

1 11개   **2** 예   **3** 사각형

4 3개   **5** 사각형   **6** ㉢

7 ③   **8** ㉡, ㉢   **9** 12개

10 ㉣   **11** 예

✖ HIGH LEVEL 52쪽

1 4가지   **2** ㉡

3 덧셈과 뺄셈

⊙ BASIC TEST

1 두 자리 수의 덧셈 57쪽

1 (1) 44   (2) 56   **2** 9, 9 / 1, 1

3 (위에서부터) 73, 84, 108

4 예 백의 자리로 받아올림한 수를 백의 자리에
쓰지 않았습니다.

$$\begin{array}{r} 1\ \ \ \ \\ 6\ 5 \\ +\ 8\ 2 \\ \hline 1\ 4\ 7 \end{array}$$

5 ㉢, ㉡, ㉠   **6** 90번

2 두 자리 수의 뺄셈 59쪽

1 33   **2** 1, 33 / 7, 33

3

	92	67	25
	48	29	19
	44	38	

4 예 6은 십의 자리에서 10을 받아내림하고 남은 수이므로 실제로 60을 나타냅니다.

5 29, 46에 ○표   **6** 17마리

3 세 수의 계산, 덧셈과 뺄셈의 관계 |61쪽

1 ⑴ 52 ⑵ 15   **2** 방법1 (위에서부터) 97, 96, 97
　　　　　　　　　　 방법2 (위에서부터) 97, 40, 97

3 (위에서부터) 15 / 60, 45, 15 / 60, 15, 45

4 (위에서부터) 49 / 49, 28, 77 / 28, 49, 77

5 ⑴ 54, 54 ⑵ 93, 48

6 71개

4 □의 값 구하기 |63쪽

1 5+□=12   **2** 76−□=57

3 93−37=□, 56   **4** 41

5 24쪽   **6** 99

◉ MATH TOPIC |64~71쪽

1-1 7, 3, 1   **1-2** 6, 8

2-1 23   **2-2** 68

3-1
```
    1
  8 3        8 5
+ 7 5  또는 + 7 3
-----       -----
1 5 8       1 5 8
```

3-2
```
  1          1
  1 6        1 7
+ 5 7  또는 + 5 6
-----       -----
  7 3        7 3
```

4-1 34   **4-2** 79

5-1 80   **5-2** 127   **5-3** 13

6-1 20, 21, 22, 23   **6-2** 17, 18, 19

7-1 예 39, 6, 7   **7-2** 예 49, 33, 26

심화유형 **8** 117 / 117

8-1 63개

✖ LEVEL UP TEST |72~75쪽

1 25줄   **2** 민아, 3쪽

3 (위에서부터) 1, 5   **4** 27, 48

5 덧셈식 37+46=83, 46+37=83
　　 뺄셈식 83−37=46, 83−46=37

6 8   **7** 76   **8** 15장

9 156   **10** 4종   **11** −, +

12

18	13	14
11	15	19
16	17	12

✖ HIGH LEVEL |76쪽

1 11마리   **2** 38

4 길이 재기

◉ BASIC TEST

1 길이 비교 방법, 여러 가지 단위로 길이 재기 |81쪽

1 (　) / 깁니다에 ○표
　 (○)

2 다, 가, 나
3 사전

4 6번, 4번   **5** 하라   **6** 준수

2 1cm 알아보기, 자로 길이 재는 방법 |83쪽

1   **2** 예 누가 재어도 똑같은 값이 나오므로 길이를 정확하게 잴 수 있습니다.

3 6cm

4 예 ├─────────┼┈┈┈┼┈┈┈┤

5 ㉡   **6** (왼쪽부터) 4, 3, 5

3 자로 길이 재기, 길이 어림하기 |85쪽

1 약 6cm / 예 길이가 자의 눈금 사이에 있을 때에는 가까운 쪽에 있는 숫자를 읽어야 합니다.

2 약 4cm   **3** 나

4 예 약 5cm, 5cm   **5** 기태

6 같습니다에 ○표

MATH TOPIC 86~93쪽

1-1 딸기, 바나나, 사과, 수박

1-2 돼지, 토끼, 오리, 호랑이

2-1

2-2

3-1 9 cm   3-2 14 cm

4-1 주희   4-2 유리

5-1 21 cm   5-2 80 cm

6-1 우산   6-2 경호

7-1 5번   7-2 4번

심화유형 8 135, 135 / 135

8-1 4번

LEVEL UP TEST 94~97쪽

1 ㉡   2 ㉡   3 약 7달

4 ㉠, ㉢, ㉢, ㉡   5 8 cm   6 풀이 참조

7 15번   8 약 30 cm   9 주혁

10 8 cm   11 2번   12 42 cm

HIGH LEVEL 98쪽

1 66 cm   2 5가지

5 분류하기

⊙ BASIC TEST

1 기준에 따라 분류하기 103쪽

1

검정색	빨간색
㉠, ㉢, ㉤, ㉥, ㉦	㉡, ㉣, ㉧

2

㉠, ㉢, ㉧	㉡, ㉤	㉣, ㉥, ㉦

3 ㉢

4 예 날 수 있는 동물과 날 수 없는 동물

5 길이, 무늬

6 예 지폐와 동전 /

〈지폐〉	〈동전〉
㉠, ㉢, ㉣, ㉥, ㉦	㉡, ㉤, ㉧

2 분류한 결과를 세고 말하기 105쪽

1

소매 길이	긴 것	짧은 것
세면서 표시하기	//// //	////
수(벌)	7	5

2

단추 수	0개	2개	5개
세면서 표시하기	//// /	//	////
수(벌)	6	2	4

3 2벌

4 예 바나나를 좋아하는 학생이 6명으로 가장 많으므로 바나나를 준비하는 것이 좋습니다.

5 (위에서부터) 3개 / 2개, 1개

MATH TOPIC 106~112쪽

1-1 예 다리의 수 /

〈다리가 없는 것〉	〈다리가 2개인 것〉	〈다리가 4개인 것〉
②, ⑥, ⑦	①, ④, ⑧	③, ⑤

2-1 초콜릿 맛

3-1 3명   **3-2** 장미, 1명

4-1 ㉢

5-1 ㉘ 물건의 종류에 따라 장난감과 학용품으로 분류하였습니다.

5-2 ㉘ 약의 종류에 따라 바르는 것, 붙이는 것, 먹는 것으로 분류하였습니다.

6-1 2마리   **6-2** 3켤레

심화유형 **7** 3, 2, 3 / 3, 2, 3

7-1 2, 2, 3

⬛ LEVEL UP TEST   113~116쪽

1 ②, ④, ⑥ / ⑤, ⑧ / ①, ⑦ / ③, ⑨

2 ㉘ 물건을 주로 사용하는 계절   **3** 7일

4 12, 11, 7   **5** 16일   **6** 3, 3, 4

7 ㉘ (위에서부터) 있는 것, 없는 것 / 4, 6

8

용도 손잡이	접시	컵	냄비
있는 것	없음	⑨	②, ④, ⑦
	0개	1개	3개
없는 것	①, ⑤, ⑩	③, ⑧	⑥
	3개	2개	1개

9 11, 14   **10** 양배추에 ○표

⬛ HIGH LEVEL   117쪽

1 2장   **2** 51개, 75개

---

6 곱셈

1 여러 가지 방법으로 세기, 몇씩 몇 묶음   123쪽

1 16개   **2** 4묶음

3 ⑴ 6, 9, 12, 15, 18, 21 ⑵ 7, 14, 21 ⑶ 21개

4 4 / 5 / 20

5
0   6   [12]   18   [24]

6 ㉘ 3씩 묶어 세면 3, 6, 9, 12, 15이므로 클립은 모두 15개입니다.

2 몇의 몇 배   125쪽

1 4, 6, 4, 6   **2** 2배   **3** 4배

4 2+2+2+2+2+2=12

5
윤서 ▬
주하 ▬▬▬   **6** 30명

3 곱셈식   127쪽

1 7, 7, 7, 28 / 7, 4, 28   **2** 4×3=12

3 ⑴
0   5   10   15   20

⑵ 9×2=18, 18개

4 덧셈식 6+6+6=18   곱셈식 6×3=18

5 ②   **6** 14개

⬛ MATH TOPIC   128~134쪽

1-1 5씩 7묶음, 7씩 5묶음

1-2 ㉘ 2씩 9묶음, 3씩 6묶음

2-1 5배   **2-2** 풀이 참조, 4배

3-1 20개   **3-2** 32개

4-1 20개, 10개   **4-2** 12송이, 8송이

5-1 7개   **5-2** 18개   **5-3** 29장

6-1 40개   **6-2** 18개   **6-3** 30개

심화유형 **7** 6, 24 / 24

7-1 40개

LEVEL UP TEST
135~140쪽

1 예 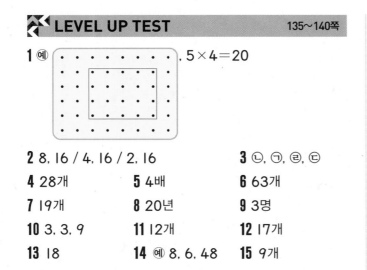 , 5×4=20

2 8, 16 / 4, 16 / 2, 16
3 ㉢, ㉠, ㉣, ㉡
4 28개
5 4배
6 63개
7 19개
8 20년
9 3명
10 3, 3, 9
11 12개
12 17개
13 18
14 예 8, 6, 48
15 9개

HIGH LEVEL
141쪽

1 28cm, 40cm
2 4

교내 경시 문제

1. 세 자리 수
1~2쪽

01 ③
02 35, 430
03 50
04 13
05 ㉡
06 284
07 동화책
08 253점
09 930
10 76개
11 709
12 778명
13 795, 457
14 852
15 357
16 310원, 121원
17 ㉠
18 3개
19 915
20 559, 562

2. 여러 가지 도형
3~4쪽

01 2개
02 7개
03 2개
04 ㉠, ㉡
05 예
06 삼각형, 6개
07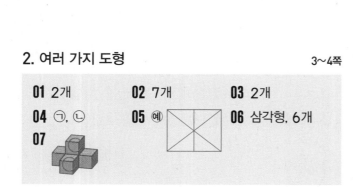

08 예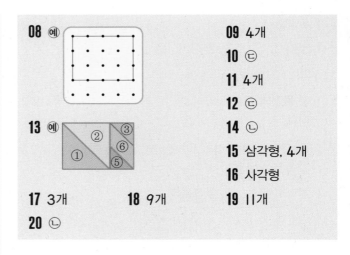
09 4개
10 ㉢
11 4개
12 ㉢
13 예
14 ㉡
15 삼각형, 4개
16 사각형
17 3개
18 9개
19 11개
20 ㉡

3. 덧셈과 뺄셈
5~6쪽

01 95
02 덧셈식: 37+54=91, 54+37=91
뺄셈식: 91-37=54, 91-54=37
03 34, 8
04 27명
05 2, 92
06 53-33-4=16
07 2, 6
08 31
09 135
10 □+37=53, 16
11 15
12 105
13 55
14 8, 2, 4, 7
15 8자루
16 35
17 93
18 17
19 24장
20 13명

4. 길이 재기
7~8쪽

01 ㉡
02 놀이터
03 19cm
04 약 6cm
05 60cm
06 9cm
07 신애
08 4cm
09 주원
10 2번
11 71cm
12 약 60cm
13 12cm
14 희주
15 45cm
16 3번
17 120cm
18 94cm
19 청아
20 4번

5. 분류하기
9~10쪽

01 ①, ⑥ / ②, ③, ④ / ⑤　　**02** 2, 3, 1

03 3가지　　**04** 노란색　　**05** 2, 3, 2

06 3, 3, 2　　**07** 5, 3

08 나비, 잠자리에 ○표　　**09** 3, 2, 2, 1

10 3층　　**11** ⓒ　　**12** 3가지

13 4, 4, 2　　**14** 6개　　**15** 2개

16 ㉙ 컵과 컵이 아닌 것 / ①, ③, ⑦ / ②, ④, ⑤, ⑥

17 (위에서부터) ㉙ 초콜릿 맛, 바나나 맛 / 6, 4

18 (위에서부터) 1개 / 1개, 2개 / 2개, 1개

19 , 초콜릿에 ○표　　**20** 17개

6. 곱셈
11~12쪽

01 ④　　**02** ③　　**03** 4, 20 / 2, 20

04 ⓒ　　**05** ✕　　**06** 2

07 11배　　**08** 30개　　**09** 24송이

10 20가지　　**11** 30일　　**12** 15

13 4개　　**14** 4개　　**15** 26명

16 42　　**17** 8대　　**18** 180

19 21개　　**20** 3개

10 $8 \times 5 = 40$, 40 cm　　**11** ⓒ

12 11개　　**13** 12가지

14 ㉙

15 50개

16 $2 \times 3 = 6$, 6 cm　　**17** 30 cm

18 ⓒ　　**19** 4, 5　　**20** 33

2회
15~16쪽

1 481, 489, 534　　**2** ㉣, ⓒ, ㉠, ⓒ

3 71개　　**4** ㉣, ㉒　　**5** 지호

6 ③, ④　　**7** 4, 6, 4　　**8** ㉙ 4, 6, 24

9 42살　　**10** $85 - 24 = 61$, 61

11 4, 3, 2 / 570원　　**12** 683

13 100　　**14** ⓒ　　**15** 5가지

16 ⓒ　　**17** 105개　　**18** 4 cm

19 30마리　　**20** 14 cm

수능형 사고력을 기르는 1학기 TEST

1회
13~14쪽

1 777　　**2** 12 / 60, 12 / 72　　**3** 397

4 ㉙

계절	봄	여름	가을	겨울
수(명)	8	3	5	4

5 5명　　**6** 종수　　**7** 3, 18 / 9, 18

8 지수　　**9** 74개

정답과 풀이

1 세 자리 수

1 (1) 98, 100   (2) 90, 100   **2** ③
3 600개
4 예 10이 10개이면 100이므로 사과 10개씩 10상자는
모두 100개입니다.
5 (○)   **6** 8개
   (×)
   (○)

1 (1) 수직선의 눈금 한 칸은 1을 나타냅니다.
   (2) 수직선의 눈금 한 칸은 10을 나타냅니다.

2 ①, ②, ④, ⑤는 모두 100을 나타내고, ③은 80을
나타냅니다.

3 알약이 100개씩 6통입니다.
100이 6개이면 600이므로 모두 600개입니다.

5 백 모형이 3개, 십 모형이 8개이므로 380입니다.
이 수는 300보다 크고 400보다 작습니다.

6 600과 700 사이가 작은 눈금 10칸으로 나누어져
있으므로 작은 눈금 10칸은 100을 나타냅니다. ㉠이
가리키는 수는 700보다 작은 눈금 10칸만큼 더 갔
으므로 700보다 100만큼 더 큰 수인 800입니다.
따라서 동전으로 나타내려면 100원짜리 동전이 8개
필요합니다.

1 (위에서부터) 8, 1, 7 / 800, 10, 7
2 (1) 900   (2) 30   (3) 0
3 예 왼쪽의 9는 십의 자리 숫자이므로 90을 나타내고,
오른쪽의 9는 일의 자리 숫자이므로 9를 나타냅니다.
4 ┌ 10이 30개 ➡ 300 ┐
                      350
   └ 10이 5개 ➡ 50 ┘
5 585, 591   **6** ★★♥♥♥♥■

1 817을 각 자릿값을 이용하여 덧셈식으로 나타냅니다.

2 (1) 9는 백의 자리 숫자이므로 900을 나타냅니다.
   (2) 3은 십의 자리 숫자이므로 30을 나타냅니다.
   (3) 0은 십의 자리 숫자이므로 0을 나타냅니다.

3 세 자리 수의 자릿값을 이해하고 있는지 알아보는 문
제이므로 자릿값이 다름을 설명합니다.

4 10이 10개이면 100이므로 10이 30개이면 300입
니다. 10이 30개이면 300이고 10이 5개이면 50이
므로 10이 35개인 수는 350입니다.

5 580과 590 사이가 작은 눈금 10칸으로 나누어져
있으므로 작은 눈금 한 칸은 1을 나타냅니다.
따라서 ㉠은 585, ㉡은 591입니다.

6 324를 ★★★♥♥■■■■로 표시했으므로 100
을 ★, 10을 ♥, 1을 ■로 나타낸 것입니다.
241은 100이 2개, 10이 4개, 1이 1개이므로
★★♥♥♥♥■로 표시합니다.

1 (1) 389, 689   (2) 999, 1000   **2** 193, 202, 292
3 > / 예 백의 자리 수가 5로 같으므로 십의 자리 수를
비교하면 1>0입니다. 따라서 511이 508보다 큽니다.
4 ㉡, ㉠, ㉢   **5** 800원   **6** 299, 300, 301

1 (1) 백의 자리 수가 1씩 커지므로 100씩 뛰어 센 것입
니다.
   (2) 일의 자리 수가 1씩 커지므로 1씩 뛰어 센 것입니
다. 999보다 1만큼 더 큰 수는 1000입니다.

2 1만큼 더 큰 수는 일의 자리 수가 1 커지고, 10만큼
더 큰 수는 십의 자리 수가 1 커지고, 100만큼 더
큰 수는 백의 자리 수가 1 커집니다. 이때 90보다
10만큼 더 큰 수는 100이므로 192보다 10만큼 더
큰 수는 202가 됩니다.

3 높은 자리 수일수록 큰 수를 나타냅니다. 따라서 세
자리 수의 크기를 비교할 때는 백의 자리, 십의 자리,
일의 자리 순서로 각 자리 수를 비교합니다.

$511 = 500 + 10 + 1$
$508 = 500 + \ 0 + 8$

4 세 수의 백의 자리 수를 비교하면 9 > 8이므로 ⓒ이 가장 작은 수입니다. ㉠과 ⓛ은 백의 자리, 십의 자리 수가 각각 같으므로 일의 자리 수를 비교하면 $9\underline{3}0 < 9\underline{3}6$으로 ⓛ이 가장 큰 수입니다.
　　　　$0 < 6$
➡ ⓛ 936 > ㉠ 930 > ⓒ 898

5 700에서 50씩 2번 뛰어 셉니다.
➡ 700 – 750 – 800
따라서 저금통 안에 들어 있는 돈은 모두 800원입니다.

6 작은 눈금 한 칸은 1을 나타내므로 수직선에 수를 나타내면 다음과 같습니다.

295　296　297　298　299　300　301　302

따라서 298보다 크고 302보다 작은 수는 299, 300, 301입니다.

MATH TOPIC
16~23쪽

1-1 3상자	**1-2** 100원	**1-3** 6상자
2-1 800	**2-2** 500	**2-3** 800
3-1 723	**3-2** 553	**3-3** 660장
4-1 205	**4-2** 863	
5-1 8, 9	**5-2** 4개	
6-1 238, 588	**6-2** 573, 693	
7-1 488 – 558 – 628 – 698		
7-2 523 – 583 – 643 – 703		

심화유형 **8** 141, 138, 육상, 수영 / 육상, 수영
8-1 초등학교, 중학교, 고등학교, 특수학교

1-1 100은 10이 10개인 수이므로 100개를 한 상자에 10개씩 담으려면 10상자가 필요합니다. 7상자가 있으므로 10 – 7 = 3(상자) 더 필요합니다.

1-2 50원짜리 동전 1개는 10원짜리 동전 5개와 같습니다. 두 사람이 가지고 있는 동전을 모두 합하면 10원 짜리 동전 10개와 같으므로 100원입니다.

1-3 나누어 먹은 쿠키 40개는 10개씩 4상자입니다.

10개씩 들어 있는 쿠키를 10상자 가지고 있었으므로 남은 쿠키는 10 – 4 = 6(상자)입니다.

다른 풀이

10개씩 들어 있는 쿠키 10상자는 100개이고, 100은 40보다 60만큼 더 큰 수입니다. 따라서 남은 쿠키는 60개이므로 10개씩 6상자입니다.

2-1 700은 100이 7개인 수이고, 300은 100이 3개인 수, 800은 100이 8개인 수입니다.
7은 3과 8 중 8에 더 가까우므로 700은 300과 800 중 800에 더 가깝습니다.

다른 풀이

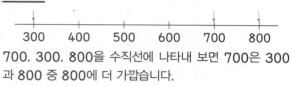

700, 300, 800을 수직선에 나타내 보면 700은 300과 800 중 800에 더 가깝습니다.

2-2 600은 100이 6개인 수이고, 200은 100이 2개인 수, 500은 100이 5개인 수, 900은 100이 9개인 수입니다. 6은 2, 5, 9 중 5에 가장 가까우므로 600은 200, 500, 900 중 500에 가장 가깝습니다.

다른 풀이

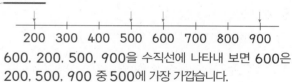

600, 200, 500, 900을 수직선에 나타내 보면 600은 200, 500, 900 중 500에 가장 가깝습니다.

2-3 900은 100이 9개인 수입니다. 9보다 1만큼 더 큰 수는 10이고 9보다 1만큼 더 작은 수는 8이므로 100이 10개인 수와 100이 8개인 수를 생각해 봅니다. 100이 10개이면 1000이 되고 100이 8개이면 800이 됩니다.
따라서 900에 가장 가까운 '몇백'은 800입니다.

3-1 10이 12개인 수 $\begin{cases} 10이 10개 ➡ 100 \\ 10이 \ \ 2개 ➡ \ \ 20 \end{cases}$ 120
따라서 100이 6개, 10이 12개, 1이 3개인 수는 100이 6 + 1 = 7(개), 10이 2개, 1이 3개인 수와 같으므로 723입니다.

3-2 10이 25개인 수 $\begin{cases} 10이 20개 ➡ 200 \\ 10이 \ \ 5개 ➡ \ \ 50 \end{cases}$ 250
따라서 100이 3개, 10이 25개, 1이 3개인 수는 100이 3 + 2 = 5(개), 10이 5개, 1이 3개인 수와

같으므로 553입니다.

3-3 색종이의 수는 100이 5개, 10이 16개인 수입니다.

10이 16개인 수 $\begin{cases} 10\text{이 } 10\text{개} \Rightarrow 100 \\ 10\text{이 } 6\text{개} \Rightarrow 60 \end{cases} 160$

따라서 100이 5개, 10이 16개인 수는 100이 5+1=6(개), 10이 6개인 수와 같으므로 660입니다. ➡ 660장

4-1 수의 크기를 비교하면 0<2<5<7<9이므로 가장 작은 수는 0, 둘째로 작은 수는 2, 셋째로 작은 수는 5입니다. 0은 백의 자리에 올 수 없으므로 둘째로 작은 수 2를 백의 자리에 놓고, 가장 작은 수 0을 십의 자리에, 셋째로 작은 수 5를 일의 자리에 놓습니다. 따라서 만들 수 있는 가장 작은 세 자리 수는 205입니다.

4-2 수의 크기를 비교하면 8>6>3>2>1이므로 가장 큰 수 8을 백의 자리에, 둘째로 큰 수 6을 십의 자리에, 셋째로 큰 수 3을 일의 자리에 놓습니다. 따라서 만들 수 있는 가장 큰 세 자리 수는 863입니다.

5-1 백의 자리 수를 비교하여 745<□01이 되려면 7<□이어야 하므로 □ 안에 들어갈 수 있는 수는 8, 9입니다.

□ 안에 7도 들어갈 수 있는지 확인합니다. □ 안에 7을 넣으면 745>701이므로 □ 안에 7은 들어갈 수 없습니다.

따라서 □ 안에 들어갈 수 있는 수는 8, 9입니다.

5-2 백의 자리 수가 같으므로 십의 자리 수를 비교하여 236>2□2가 되려면 3>□이어야 하므로 □ 안에 들어갈 수 있는 수는 0, 1, 2입니다.

□ 안에 3도 들어갈 수 있는지 확인합니다. □ 안에 3을 넣으면 236>232이므로 □ 안에 3도 들어갈 수 있습니다.

따라서 □ 안에 들어갈 수 있는 수는 0, 1, 2, 3으로 모두 4개입니다.

6-1

338에서 눈금 두 칸만큼 뛰어 세면 438이므로 눈금 두 칸의 크기는 100입니다. 100은 50이 2개인 수이므로 눈금 한 칸의 크기는 50입니다.

㉠이 나타내는 수는 338에서 50씩 거꾸로 두 번 뛰어 센 수이므로 338보다 100만큼 더 작은 수인 238입니다.

㉡이 나타내는 수는 538에서 50씩 한 번 뛰어 센 수이므로 538보다 50만큼 더 큰 수인 588입니다.

6-2

553에서 눈금 두 칸만큼 뛰어 세면 593이므로 눈금 두 칸의 크기는 40입니다. 40은 20이 2개인 수이므로 눈금 한 칸의 크기는 20입니다.

㉠이 나타내는 수는 553에서 20씩 한 번 뛰어 센 수이므로 553보다 20만큼 더 큰 수인 573입니다.

㉡이 나타내는 수는 633에서 20씩 세 번 뛰어 센 수이므로 633-653-673-693입니다.

7-1 70씩 뛰어 셀 때 일의 자리 수는 변하지 않으므로 일의 자리 수는 모두 8입니다.

넷째 수는 셋째 수보다 70만큼 더 큰 수이므로 셋째 수는 628, 넷째 수는 698입니다.

둘째 수는 셋째 수보다 70만큼 더 작은 수이므로 558이고, 첫째 수는 둘째 수보다 70만큼 더 작은 수이므로 488입니다.

7-2 60씩 뛰어 셀 때 일의 자리 수는 변하지 않으므로 일의 자리 수는 모두 3입니다.

넷째 수는 셋째 수보다 60만큼 더 큰 수이므로 넷째 수는 703, 셋째 수는 643입니다.

둘째 수는 셋째 수보다 60만큼 더 작은 수이므로 583이고, 첫째 수는 둘째 수보다 60만큼 더 작은 수이므로 523입니다.

8-1 네 수 318, 384, 599, 29의 자릿수를 비교하면 두 자리 수인 29가 가장 작습니다.

318, 384, 599의 백의 자리 수를 비교하면 599가 가장 큽니다.

318과 384는 백의 자리 수가 같으므로 십의 자리 수를 비교하면 318<384입니다.

따라서 599>384>318>29이므로 초등학교, 중학교, 고등학교, 특수학교 순서로 학교 수가 많습니다.

| **1** 6개 | **2** 300원 | **3** 260원, 251원, 211원, 161원 | **4** 575, 750 | **5** 920개 |
| **6** 392 | **7** 광개토대왕 | **8** 861, 106 | **9** 7, 8 | **10** 5개 |

1

16쪽 1번의 변형 심화 유형

접근 》 100은 50이 몇 개인 수인지 알아봅니다.

300은 100이 3개인 수이고, 100은 50이 2개인 수입니다.

100원이 되려면 50원짜리 동전이 2개 있어야 하므로 300원이 되려면 50원짜리 동전이 2+2+2=6(개) 있어야 합니다.

다른 풀이

50씩 뛰어 세면 50-100-150-200-250-300이므로 50씩 6번 뛰어 세면 300이 됩니다. 따라서 300원이 되려면 50원짜리 동전이 6개 있어야 합니다.

2

접근 》 1000은 100이 10개인 수입니다.

100이 7개이면 700이므로 100원씩 7일 동안 저금한 돈은 700원입니다. 1000은 700보다 300만큼 더 큰 수이므로 1000원을 모으려면 300원이 더 필요합니다.

보충 개념

1000은 100이 10개인 수예요. 따라서 1000은 100이 7개인 수보다 100이 3개인 수만큼 더 커요.

지도 가이드

2학년 1학기 교과 과정에서는 '999보다 1만큼 더 큰 수는 1000'이라고 간단히 설명되어 있지만 '몇백'과 '100씩 뛰어 세기'의 개념을 아는 학생이라면 100과 1000의 관계를 이해할 수 있어요. 100이 1, 2, 3, ..., 9개인 수가 100, 200, 300, ..., 900인 것에서 나아가 100이 10개인 수는 1000이라는 것을 알면 수의 계열을 더 잘 이해할 수 있습니다.

3

접근 》 고른 동전의 합을 생각해 봅니다.

주어진 5개의 동전 중 4개를 고르는 방법은 다음과 같습니다.

• 100원짜리 2개, 50원짜리 1개, 10원짜리 1개

100 100 50 10 ➡ 100이 2개, 10이 6개인 수 ➡ 260

보충 개념

50원짜리 1개는 10원짜리 5개와 같아요.

• 100원짜리 2개, 50원짜리 1개, 1원짜리 1개

100 100 50 1 ➡ 100이 2개, 10이 5개, 1이 1개인 수 ➡ 251

• 100원짜리 2개, 10원짜리 1개, 1원짜리 1개

100 100 10 1 ➡ 100이 2개, 10이 1개, 1이 1개인 수 ➡ 211

• 100원짜리 1개, 50원짜리 1개, 10원짜리 1개, 1원짜리 1개

100 50 10 1 ➡ 100이 1개, 10이 6개, 1이 1개인 수 ➡ 161

따라서 동전 **4**개를 골라 만들 수 있는 금액은 **260**원, **251**원, **211**원, **161**원입니다.

> **지도 가이드**
> **5**개의 동전 중 **4**개를 고르는 것을 어려워할 수 있어요. 동전을 차례대로 한 개씩 손으로 가리고 가리지 않은 **4**개의 동전을 고르면 빠트리지 않고 모든 경우를 따져볼 수 있습니다.

4
21쪽 6번의 변형 심화 유형
접근 》 눈금 한 칸의 크기를 먼저 알아봅니다.

600에서 눈금 한 칸만큼 뛰어 세면 **625**이므로 눈금 한 칸의 크기는 **25**입니다.

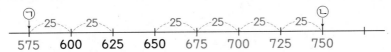

㉠은 **600**에서 **25**씩 거꾸로 한 번 뛰어 센 수이므로 **600**보다 **25**만큼 더 작은 수인 **575**이고, ㉡은 **650**에서 **25**씩 **4**번 뛰어 센 수이므로 **650**−**675**−**700**−**725**−**750**입니다.

다른 풀이

600에서 눈금 두 칸만큼 뛰어 세면 **650**이므로 눈금 두 칸의 크기는 **50**입니다. ㉠은 **625**에서 눈금 두 칸만큼 거꾸로 뛰어 센 수이므로 **625**보다 **50**만큼 더 작은 수인 **575**이고, ㉡은 **650**에서 눈금 두 칸만큼 두 번 뛰어 센 수이므로 **50**씩 두 번 뛰어 센 **650**−**700**−**750**입니다.

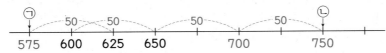

보충 개념

수직선에서 오른쪽에 있을수록 더 큰 수이고 왼쪽에 있을수록 더 작은 수예요.

해결 전략

눈금 한 칸의 크기를 알아낸 다음 ㉠과 ㉡이 나타내는 수를 구해요.

서술형 # 5
18쪽 3번의 변형 심화 유형
접근 》 10이 40개인 수는 100이 4개인 수와 같습니다.

⑩ **10**이 **42**개이면 **100**이 **4**개, **10**이 **2**개인 것과 같습니다.
100이 **5**＋**4**＝**9**(개), **10**이 **2**개인 수는 **920**이므로 귤은 모두 **920**개입니다.

다른 풀이

⑩ **100**이 **5**개인 수는 **500**이므로 **100**개씩 **5**상자에 들어 있는 귤은 **500**개입니다.
10이 **42**개인 수는 **100**이 **4**개, **10**이 **2**개인 수와 같으므로 **10**개씩 **42**봉지에 들어 있는 귤은 **420**개입니다.
따라서 귤은 모두 **920**개입니다.

채점 기준	배점
10이 42개인 수를 구했나요?	2점
귤이 모두 몇 개인지 구했나요?	3점

보충 개념

10이 42개인 수
┌10이 40개 ➡ 400
└10이 2개 ➡ 20

6 접근 » 어떤 수 ■를 먼저 구합니다.

어떤 수 ■보다 100만큼 더 큰 수가 502이므로 ■는 502보다 100만큼 더 작은 수입니다.

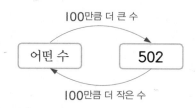

100만큼 더 큰 수

어떤 수 ⟷ 502

100만큼 더 작은 수

■는 502에서 백의 자리 수가 1만큼 더 작은 402입니다.
따라서 402보다 10만큼 더 작은 수는 392입니다.

주의

어떤 수를 답으로 쓰지 않도록 주의해요.

보충 개념

400보다 10만큼 더 작은 수
➡ 390
402보다 10만큼 더 작은 수
➡ 392

7 23쪽 8번의 변형 심화 유형
접근 » 연도의 크기를 비교해 봅니다.

연도를 나타내는 수가 작을수록 먼저 태어난 사람입니다.
595, 374, 948, 394의 백의 자리 수를 비교하면 9>5>3이므로 948이 가장 크고 595가 둘째로 큽니다.
374와 394의 백의 자리 수가 같으므로 십의 자리 수를 비교하면 7<9이므로 374<394입니다.
따라서 가장 작은 수는 374이므로 가장 먼저 태어난 위인은 광개토대왕입니다.

보충 개념

높은 자리 숫자일수록 큰 수를 나타내므로 백의 자리 숫자부터 크기를 비교해요.

해결 전략

수가 작을수록 먼저 태어난 것이고, 수가 클수록 나중에 태어난 것이에요.

> **지도 가이드**
>
> 실생활에서 수를 순서의 의미로 다루는 경우에는 큰 수와 작은 수 중 어떤 것이 먼저인지 헷갈릴 수 있어요. 등수나 선착순, 공공 기관에 설치된 순번 대기표의 수 등을 예로 들어 상황을 설명해 주면 좋습니다.

8 19쪽 4번의 변형 심화 유형
접근 » 가장 큰 세 자리 수나 가장 작은 세 자리 수를 먼저 만들어 생각합니다.

수의 크기를 비교하면 8>6>3>1>0이므로 만들 수 있는 가장 큰 세 자리 수는 863입니다. 따라서 만들 수 있는 둘째로 큰 수는 백의 자리 수와 십의 자리 수는 그대로 두고 일의 자리에 넷째로 큰 수 1을 놓아 만든 861입니다.

| 8 | 6 | 3 |

가장 큰 세 자리 수

| 8 | 6 | 1 |

둘째로 큰 세 자리 수

만들 수 있는 가장 작은 세 자리 수는 103입니다. 따라서 만들 수 있는 둘째로 작은 수는 백의 자리 수와 십의 자리 수는 그대로 두고 일의 자리에 넷째로 작은 수 6을 놓아 만든 106입니다.

| 1 | 0 | 3 |

가장 작은 세 자리 수

| 1 | 0 | 6 |

둘째로 작은 세 자리 수

보충 개념

높은 자리 수일수록 큰 수를 나타내므로 백, 십, 일의 자리에 큰 수부터 차례대로 놓으면 가장 큰 세 자리 수가 돼요.

해결 전략

가장 큰 세 자리 수를 만든 후에 일의 자리 수를 그 다음으로 큰 수로 바꾸면 둘째로 큰 세 자리 수가 돼요.

주의

세 자리 수를 만들 때, 0은 백의 자리에 올 수 없어요.

9

20쪽 5번의 변형 심화 유형

접근 》 백, 십, 일의 자리 순서로 각 자리 수를 비교합니다.

• 893>8□7에서 백의 자리 수가 같으므로 십의 자리 수를 비교하면 9>□입니다.
따라서 □ 안에 들어갈 수 있는 수는 0, 1, 2, 3, 4, 5, 6, 7, 8이고, □ 안에 9를 넣
으면 893<897이므로 □ 안에 들어갈 수 없습니다. ➡ 0, 1, 2, 3, 4, 5, 6, 7, 8

• □48>746에서 백의 자리 수를 비교하면 □>7이므로 □ 안에 들어갈 수 있는 수
는 8, 9이고, □ 안에 7을 넣으면 748>746이므로 □ 안에 7도 들어갈 수 있습니
다. ➡ 7, 8, 9

따라서 □ 안에 공통으로 들어갈 수 있는 수는 7, 8입니다.

주의
반드시 백의 자리 수가 서로 같
은 경우도 생각해 보도록 해요.

> **지도 가이드**
> □ 안에 0, 1, 2, ..., 9를 차례로 넣어 보아도 답을 구할 수 있어요. 하지만 십진법의 원리를 바탕으로
> 수의 크기를 비교하는 사고력을 기르기 위한 문제이므로 높은 자리부터 각 자리의 숫자를 비교하여
> 답을 구할 수 있도록 지도해 주세요.

서술형

10

접근 》 684와 725 사이의 수를 생각해 봅니다.

㈎ 684보다 크고 725보다 작은 수는 685, 686, 687, ..., 724입니다. 이 중에서
십의 자리 숫자와 일의 자리 숫자가 같은 수는 688, 699, 700, 711, 722로 모두 5개
입니다.

보충 개념
세 자리 수에서 십의 자리나 일
의 자리에는 0부터 9까지의 수
가 들어갈 수 있어요. 따라서 십
의 자리 숫자와 일의 자리 숫
자가 같은 세 자리 수는 ■00,
■11, ■22, ■33, ..., ■99
가 있어요.

> **지도 가이드**
> 조건에 맞는 수들을 찾는 문제에서 조건은 주로 문장으로 제시되므로 학생들이 어렵게 느낍니다.
> 따라서 조건을 그림(수직선 등)으로 표현하거나 수를 나열하여 문제를 해결할 수 있도록 지도해 주세요.
> ㈎ ① 684보다 크고 725보다 작습니다.
>   ➡ 685, 686, 687, 688, 689, ..., 720, 721, 722, 723, 724
>   ② 십의 자리 숫자와 일의 자리 숫자가 같습니다.
>   ➡ 685, 686, 687, ⑥⑧⑧ 689, ..., 720, 721, ⑦②② 723, 724

주의
십의 자리 숫자와 일의 자리 숫
자가 0인 700을 빠트리지 않
도록 주의해요.

채점 기준	배점
684보다 크고 725보다 작은 세 자리 수를 찾았나요?	2점
이 중 십의 자리 숫자와 일의 자리 숫자가 같은 수의 개수를 구했나요?	3점

⯅⯅ HIGH LEVEL

28쪽

1 39   **2** 150   **3** 499

1 접근 ≫ 자릿값을 이용하여 덧셈식으로 나타내 봅니다.

340은 <u>100이 3개</u>, <u>10이 4개</u>인 수이므로 덧셈식으로 나타내면 340＝300＋40입니다.
          300   40

340＝300＋40이므로 340＞300＋㉠이 되려면 ㉠은 40보다 작아야 합니다.

따라서 ㉠에 들어갈 수 있는 수 중 가장 큰 수는 39입니다.

2 접근 ≫ 10이 100개인 수가 얼마인지 생각해 봅니다.

10이 100개인 수는 1000입니다.

10이 85개인 수 ⎡ 10이 80개 ➡ 800 ⎤ 850
                ⎣ 10이 5개 ➡ 50 ⎦

850보다 100만큼 더 큰 수는 950이고, 950보다 50만큼 더 큰 수가 1000이므로
1000은 850보다 150만큼 더 큰 수입니다.

해결 전략

10이 90개 ➡ 900
10이 10개 ➡ 100
10이 100개 ➡ 1000

3
25쪽 4번의 변형 심화 유형
접근 ≫ 눈금 한 칸의 크기를 먼저 알아봅니다.

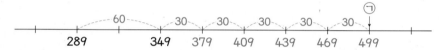

289에서 눈금 두 칸만큼 뛰어 센 수가 349입니다.

289에서 349까지 10씩 뛰어 세어 보면 289－299－309－319－329－339－349
로 6번 뛰어 세게 되므로 349는 289보다 60만큼 더 큰 수입니다.

눈금 두 칸의 크기가 60이므로 눈금 한 칸의 크기는 30입니다.

따라서 ㉠이 나타내는 수는 349에서 30씩 5번 뛰어 센 수이므로
349－379－409－439－469－499입니다.

해결 전략

눈금 두 칸의 크기를 구하여 눈금 한 칸의 크기를 알아낸 다음, ㉠이 나타내는 수를 구해요.

2 여러 가지 도형

⊙ BASIC TEST │ 1 삼각형, 사각형 33쪽

1 (예)

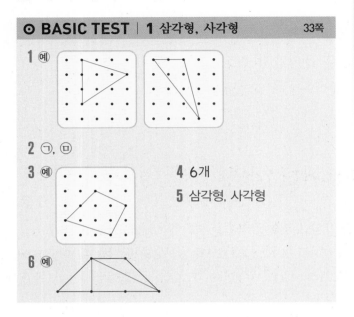

2 ㉠, ㉣

3 (예)

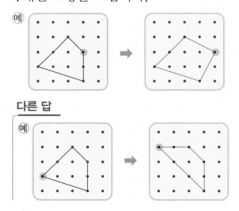

4 6개

5 삼각형, 사각형

6 (예)

1 꼭짓점으로 3개의 점을 정한 후 곧은 선으로 이어 변이 3개인 도형을 그립니다.
이때 나란히 놓인 3개의 점을 정하지 않도록 주의합니다.

2 변이 4개인 도형을 모두 찾습니다.

3 3개의 점은 그대로 두고 1개의 점만 움직여 변이 4개인 도형을 그립니다.

(예)

다른 답

(예)

참고 다음과 같은 오목사각형은 초등 과정에서 다루지 않으나 오목사각형을 그린 경우에도 정답으로 인정합니다.

4 작은 도형 1개, 2개, 3개로 된 삼각형을 각각 찾습니다.

• 작은 도형 1개로 된 삼각형:
①, ②, ③ ➡ 3개

• 작은 도형 2개로 된 삼각형:
①+②, ②+③ ➡ 2개

• 작은 도형 3개로 된 삼각형: ①+②+③ ➡ 1개
따라서 그림에서 찾을 수 있는 크고 작은 삼각형은 모두 3+2+1=6(개)입니다.

5 ➡   점선을 따라 자르면 삼각형 2개와 사각형 1개가 만들어집니다.

6 삼각형이 3개가 만들어지도록 이웃하지 않은 점과 점 사이에 곧은 선을 그어 봅니다.

다른 답

(예)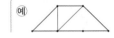

⊙ BASIC TEST │ 2 원 35쪽

1 ( ) ( ) ( )
(○) ( ) (○)

2 ①, ④

3 지호

4 (위에서부터) 0, 3 / 0, 3

5 ③

6 사각형, 5개

1 동그란 모양의 도형을 찾습니다.

> **지도 가이드**
> 첫째 줄 둘째 도형은 보는 방향에 따라 모양이 다르므로 원이 아닙니다.

2 본떠서 그릴 수 있는 도형은 각각 ① 원, ② 사각형, ③ 삼각형, ④ 원, ⑤ 삼각형입니다.

3 원은 굽은 선으로 둘러싸여 있으므로 변이 없습니다.
원은 크기는 서로 달라도 모양은 모두 같습니다.
따라서 원에 대해 바르게 설명한 사람은 지호입니다.

4 원은 변과 꼭짓점이 없고, 삼각형은 변이 3개, 꼭짓점이 3개입니다.

5 ③ 원에는 꼭짓점이 없습니다.

6 삼각형 4개, 사각형 5개, 원 3개를 이용하여 그렸습니다.

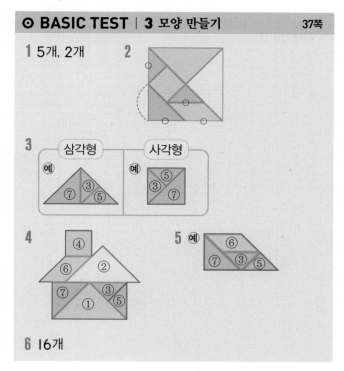

1 5개, 2개　　**2**

3

4　　　　　**5** 예

6 16개

1

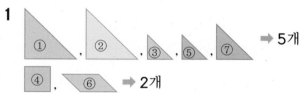

①, ②, ③, ⑤, ⑦ ➡ 5개

④, ⑥ ➡ 2개

2 칠교판에서 같은 표시를 한 변끼리 길이가 같습니다.

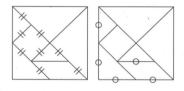

3 주어진 세 조각을 길이가 같은 변끼리 만나도록 붙여 삼각형과 사각형을 만들어 봅니다.

4 남은 세 조각 ②, ④, ⑥으로 지붕 모양을 만듭니다. 이때 주어진 모양 안에 가장 큰 조각 ②부터 채워 봅니다.

5 다른 답

예

6

칠교판의 각 조각을 가장 작은 삼각형으로 나눠 봅니다. 칠교판 전체를 덮으려면 가장 작은 삼각형 조각이 모두 16개 필요합니다.

1 (　　　) (　○　)

2 왼쪽에 ○표, 뒤에 ○표　　　**3** ㉢

4 ㉠　　　**5** ㉠　　　**6** ㉡

1 아래에 놓인 쌓기나무의 바로 위에 맞추어 쌓으면 쌓기나무를 높이 쌓을 수 있습니다.

2 쌓기나무 3개를 옆으로 나란히 놓은 다음, 가장 왼쪽 쌓기나무의 뒤에 쌓기나무 2개를 놓아 2층으로 쌓습니다.

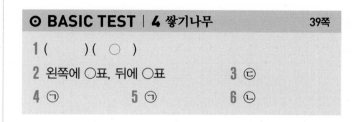

3 오른쪽 모양과 똑같은 모양을 만들려면 ㉢ 자리에 쌓기나무 한 개를 더 쌓아야 합니다.

4 ㉠ ➡ 6개

㉡, ㉢, ㉣ ➡ 5개

5

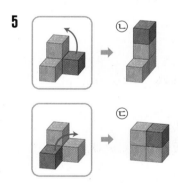

6 쌓기나무를 앞에서 바라볼 때, 각 자리에 보이는 가장 높은 층을 생각하여 그립니다.

1-1 7개	1-2 4개	1-3 9개
2-1 삼각형, 8개	2-2 삼각형, 16개	
3-1 ㉢, ㉣	3-2 ㉢	
4-1 12개	4-2 9개	

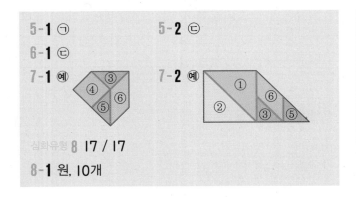

5-1 ㉠
5-2 ㉢
6-1 ㉢
7-1 (예)
7-2 (예)

심화유형 **8 17 / 17**

8-1 원, 10개

1-1 사각형의 변은 4개, 삼각형의 꼭짓점은 3개, 원의 변은 0개입니다.
➡ ㉠+㉡-㉢=4+3-0=7(개)

1-2

도형	삼각형	사각형	원
변의 수(개)	3	4	0
꼭짓점의 수(개)	3	4	0

㉠ 3개, ㉡ 4개, ㉢ 0개, ㉣ 3개
수가 가장 많은 것은 4개, 가장 적은 것은 0개입니다.
➡ 4-0=4(개)

1-3 가 도형의 변은 8개, 나 도형의 변은 5개, 다 도형의 꼭짓점은 6개입니다.
➡ (가 도형의 변의 수)-(나 도형의 변의 수)
+(다 도형의 꼭짓점의 수)=8-5+6=9(개)

2-1

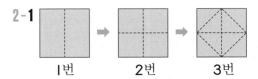

따라서 접힌 선을 따라 모두 자르면 삼각형이 8개 만들어집니다.

2-2

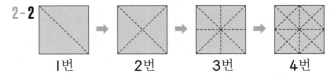

따라서 접힌 선을 따라 모두 자르면 삼각형이 16개 만들어집니다.

3-1 1층의 ㉢ 자리, 2층의 ㉺ 자리에 쌓기나무를 1개씩 더 놓아야 합니다.

3-2 왼쪽 모양에는 ㉢ 쌓기나무가 있지만 오른쪽 모양에는 같은 자리에 쌓기나무가 없습니다.

또 왼쪽 모양에는 ㉺ 쌓기나무의 오른쪽이 비어 있지만 오른쪽 모양에는 그 자리에 쌓기나무가 있습니다.
따라서 ㉢ 쌓기나무를 빼서 ㉺ 쌓기나무의 오른쪽 자리에 놓아야 합니다.

4-1

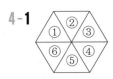

· 작은 도형 2개로 된 사각형: ①+②, ②+③, ③+④, ④+⑤, ⑤+⑥, ①+⑥ ➡ 6개

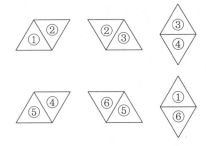

· 작은 도형 3개로 된 사각형: ①+②+③, ②+③+④, ③+④+⑤, ④+⑤+⑥, ①+⑤+⑥, ①+②+⑥ ➡ 6개

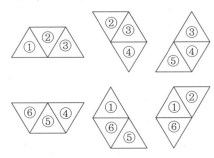

따라서 그림에서 찾을 수 있는 크고 작은 사각형은 모두 6+6=12(개)입니다.

4-2

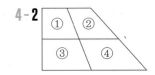

· 작은 도형 1개로 된 사각형: ①, ②, ③, ④ ➡ 4개

· 작은 도형 2개로 된 사각형: ①+②, ③+④, ①+③, ②+④ ➡ 4개

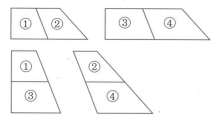

• 작은 도형 4개로 된 사각형: ①+②+③+④ ➡ 1개

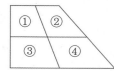

따라서 그림에서 찾을 수 있는 크고 작은 사각형은 모두 4+4+1=9(개)입니다.

5-1 앞에서 보이는 면을 찾아 그립니다.

따라서 앞에서 본 모양이 다른 하나는 ㉠입니다.

5-2 오른쪽에서 보이는 면을 찾아 그립니다.

따라서 오른쪽에서 본 모양이 다른 하나는 ㉢입니다.

6-1 길이가 같은 변을 알아보면 다음과 같습니다.

길이가 같은 변끼리 만나도록 각 도형 안에 가장 큰 조각 ⑦을 먼저 채우고 남은 조각 ③과 ⑤를 채웁니다.

따라서 주어진 세 조각으로 만들 수 없는 도형은 ㉢입니다.

7-1 길이가 같은 변을 알아보면 다음과 같습니다.

도형 안에 가장 큰 조각 ④와 ⑥을 먼저 채우고, 길이가 같은 변끼리 만나도록 남은 조각 ③과 ⑤를 채웁니다.

주의 ③과 ⑤는 모양과 크기가 같으므로 자리를 바꾸어 놓을 수 있습니다.

7-2 길이가 같은 변을 알아보면 다음과 같습니다.

도형 안에 가장 큰 조각 ①과 ②를 먼저 채우고, 길이가 같은 변끼리 만나도록 남은 조각 ③, ⑤, ⑥을 채웁니다.

다른 답

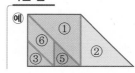

8-1

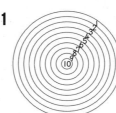

동그란 모양의 도형인 원을 모두 10개 찾을 수 있습니다.

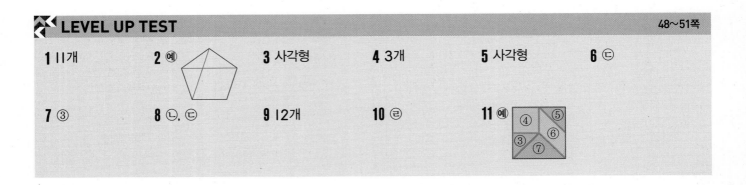

LEVEL UP TEST
48~51쪽

1 11개 2 예 3 사각형 4 3개 5 사각형 6 ㉢

7 ③ 8 ㉡, ㉢ 9 12개 10 ㉣ 11 예

---

1 40쪽 1번의 변형 심화 유형
접근 》 각 도형의 곧은 선을 세어 봅니다.

각 도형의 변의 수는 다음과 같습니다.

 원: 0개　 삼각형: 3개　 사각형: 4개　 사각형: 4개

➡ 0+3+4+4=11(개)

> **보충 개념**
> 도형의 이름은 변의 수에 따라 정해져요.
>
> **주의**
> 원은 곧은 선이 없으므로 변이 0개예요.

---

2 **접근 》 꼭짓점끼리 곧은 선으로 연결해 봅니다.**

도형에서 이웃하지 않는 두 꼭짓점을 곧은 선으로 연결하면 삼각형 1개와 사각형 1개로 나누어집니다. 연결하지 않은 다른 두 꼭짓점을 곧은 선으로 연결하면 삼각형 3개와 사각형 1개로 나누어집니다.

> **해결 전략**
> 곧은 선은 꼭짓점끼리 연결하거나, 꼭짓점과 변 위의 한 점을 연결하거나, 변 위의 두 점끼리 연결하여 그릴 수 있어요.

서술형 3 40쪽 1번의 변형 심화 유형
접근 》 (■각형의 변의 수)=(■각형의 꼭짓점의 수)

예 한 도형에서 변의 수와 꼭짓점의 수는 같습니다. 같은 수끼리 더해서 8이 되는 경우는 4+4=8이므로 합이 8개가 되려면 변의 수와 꼭짓점의 수는 각각 4개가 되어야 합니다. 따라서 변과 꼭짓점이 각각 4개인 도형은 사각형입니다.

채점 기준	배점
한 도형에서 변의 수와 꼭짓점의 수가 같은 것을 알고 있나요?	2점
변의 수와 꼭짓점의 수의 합이 8개인 도형의 이름을 썼나요?	3점

> **보충 개념**
> 두 수를 더해서 8이 되는 경우는 여러 가지가 있지만, 같은 수끼리 더해서 8이 되는 경우는 4+4=8뿐이에요.

---

4 **접근 》 4개의 점을 골라 곧은 선으로 잇습니다.**

5개의 점 중 4개의 점을 골라 사각형을 그리는 방법은 다음과 같습니다.

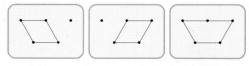

해결 전략
사각형을 그릴 때 **5**개 중 **4**개
의 점만 필요해요. 따라서 점 하
나가 남는 서로 다른 경우를 모
두 따져주면 돼요.

따라서 **5**개의 점 중 **4**개의 점을 꼭짓점으로 하여 만들 수 있는 사각형은 모두 **3**개입
니다.

5   41쪽 2번의 변형 심화 유형
접근 ≫ 접었다가 펼쳤을 때 접힌 선의 모양을 생각해 봅니다.

색종이를 **1**번, **2**번 접었다가 펼친 모양을 각각 그린 다음 가위로 자른 부분을 표시합니다.

보충 개념
두 번 접으면 색종이가 **4**겹이
되기 때문에 한 번 자를 때 **4**개
의 변이 생겨요.

다시 펼친 도형은 변이 **4**개인 도형이므로 사각형입니다.

6   **접근 ≫ 각 조건에 맞는 모양을 찾아봅니다.**

• 원이 사각형 밖에 있습니다. ➡ ㉠, ㉢

• 삼각형의 한 변의 길이가 사각형의 한 변의 길이와 같습니다. ➡ ㉡, ㉢

따라서 조건에 맞는 모양은 ㉢입니다.

7   42쪽 3번의 변형 심화 유형
접근 ≫ 두 모양을 비교하여 서로 다른 부분을 먼저 찾습니다.

보기 의 쌓기나무 중 한 개를 옮겨 각 모양을 만들면 다음과 같습니다.

해결 전략
더 놓인 쌓기나무를 집어서 덜
놓인 곳으로 옮겨요.

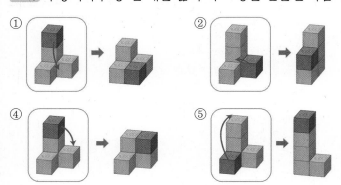

③번 모양을 만들려면 최소한 2개의 쌓기나
무를 옮겨야 합니다. 따라서 쌓기나무 한 개
를 옮겨 만들 수 없는 모양은 ③입니다.

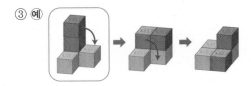

---

8 44쪽 5번의 변형 심화 유형

접근 》 위에서 본 모양을 상상하여 그려 봅니다.

각 자리를 생각하여 위에서 본 모양을 그리면 다음과 같습니다.

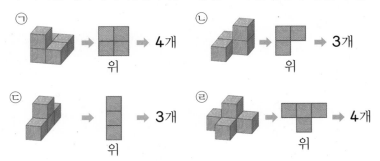

따라서 위에서 보았을 때 쌓기나무가 3개 보이는 것은 ㉡과 ㉢입니다.

보충 개념

위에서 보이는 쌓기나무의 개수
는 1층에 있는 쌓기나무의 개수
와 같아요.

주의

앞이나 오른쪽에서 본 모양을
생각하지 않도록 주의해요.

---

9 43쪽 4번의 변형 심화 유형

접근 》 이웃한 작은 도형끼리 묶어 봅니다.

전체 그림에서 작은 도형 1개, 2개, 3개, ...로 된 사각형을 각각 찾아
봅니다.

주의

주어진 그림에서 작은 도형 4개
로 된 사각형은 없어요.

해결 전략

작은 도형의 개수를 한 개씩 늘
려가며 만들 수 있는 사각형을
찾아요. 이웃한 작은 도형끼리
묶어 보면 찾을 수 있어요.

• 작은 도형 1개로 된 사각형: ①, ②, ③, ④, ⑤ ➡ **5개**

• 작은 도형 2개로 된 사각형: ①+②, ①+③, ③+④, ④+⑤ ➡ **4개**

• 작은 도형 3개로 된 사각형: ②+④+⑤, ③+④+⑤ ➡ **2개**

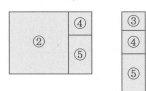

• 작은 도형 5개로 된 사각형: ①+②+③+④+⑤ ➡ **1개**

따라서 그림에서 찾을 수 있는 크고 작은 사각형은 모두 5+4+2+1=12(개)입니다.

10 45쪽 6번의 변형 심화 유형
접근 》 주어진 조각의 어떤 변끼리 길이가 같은지 먼저 확인합니다.

주어진 네 조각에서 길이가 같은 변을 알아보면 다음과 같습니다.

해결 전략

주어진 조각 중 가장 큰 조각 ①
을 먼저 채운 다음 나머지 조각
을 채워요.

길이가 같은 변끼리 만나도록 각 모양 안에 칠교판 조각을 채우면 다음과 같습니다.

   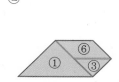

따라서 주어진 네 조각 중 세 조각만으로도 만들 수 있는 모양은 ㉣입니다.

> **지도 가이드**
> 칠교 조각으로 모양을 만들 때는 길이가 같은 변끼리 만나도록 붙여야 하므로 모양을 만들기 전에 변
> 의 길이가 같은 부분을 먼저 확인하는 것이 좋습니다.

11 46쪽 7번의 변형 심화 유형
접근 》 어떤 변끼리 길이가 같은지 먼저 확인합니다.

칠교판에서 길이가 같은 변을 알아본 후, 길이가 같은 변끼리 만나도록 붙여서 사각형
안에 칠교판 조각을 채웁니다.

 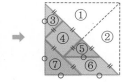 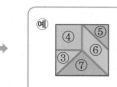

☆☆ HIGH LEVEL 52쪽

1 4가지   **2** ㉡

1
접근 》 주어진 칠교판 조각을 여러 가지 방법으로 놓아 봅니다.

주어진 세 조각에서 길이가 같은 변을 알아보면 다음과 같습니다.

세 조각을 길이가 같은 변끼리 만나도록 붙이면 다음과 같은 사각형을 만들 수 있습니다.

따라서 세 조각을 모두 사용하여 만들 수 있는 사각형의 모양은 모두 **4**가지입니다.

지도 가이드
칠교 조각으로 모양을 만드는 것은 보거나 그리는 것만으로 익히기 어렵습니다. 직접 칠교 조각을 놓아 보며 여러 가지 방법으로 맞춰보도록 해 주세요.
특히 길이가 서로 다른 변을 맞닿게 놓지 않도록 지도해 주세요.

2 50쪽 8번의 변형 심화 유형
접근 ≫ 각 쌓기나무를 위, 앞, 오른쪽에서 본 모양을 그려 봅니다.

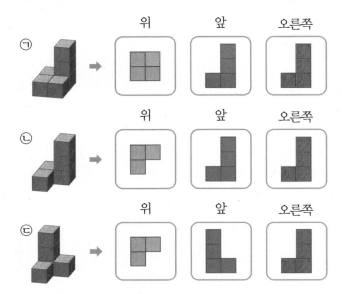

따라서 ㉡ 쌓기나무를 본 그림입니다.

주의
다음 두 모양은 돌리면 같은 모양이므로 한 가지로 세어요.

보충 개념
모양을 보는 방향은 다음과 같아요.

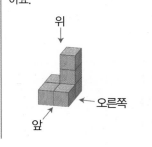

3 덧셈과 뺄셈

⊙ BASIC TEST | 1 두 자리 수의 덧셈 57쪽

1 (1) 44 (2) 56 **2** 9, 9 / 1, 1
3 (위에서부터) 73, 84, 108
4 예 백의 자리로 받아올림한 수를 백의
　 자리에 쓰지 않았습니다.

```
      1
    6 5
  + 8 2
  1 4 7
```

5 ㉢, ㉡, ㉠ **6** 90번

1 (1)
```
    1
  3 8
+   6
  4 4
```
(2)
```
    1
  4 9
+   7
  5 6
```

2 방법1 39를 30과 9로 생각하여 28에 30을 먼저 더
　하고 9를 더합니다. ➡ 28+39=28+30+9
　방법2 39를 40보다 1만큼 더 작은 수로 생각하여
　28에 40을 더하고 1을 뺍니다.
　➡ 28+39=28+40-1

3
```
    1         1         1
  2 7       3 8       6 2
+ 4 6     + 4 6     + 4 6
  7 3       8 4     1 0 8
```

5 ㉠ 73+7=80 ㉡ 56+26=82
　㉢ 44+39=83
　➡ ㉢>㉡>㉠

6 (첫째 날 넘은 횟수)+(둘째 날 넘은 횟수)
　=41+49=90(번)

⊙ BASIC TEST | 2 두 자리 수의 뺄셈 59쪽

1 33 **2** 1, 33 / 7, 33
3

	92	67	25
	48	29	19
	44	38	

4 예 6은 십의 자리에서 10을 받아내림하고 남은 수이
　므로 실제로 60을 나타냅니다.
5 29, 46에 ○표 **6** 17마리

1
```
    3 10
    4 0
  -   7
    3 3
```

2 방법1 82-49=82-50+ 1 = 33
　82에서 49를 빼야 하는데 50을 뺐으므로 다
　시 1을 더해야 합니다.
　방법2 82-49=82-42- 7 = 33
　82에서 49를 빼야 하는데 42를 뺐으므로 7
　을 더 빼야 합니다.

3
```
  8 10      3 10      8 10      5 10
  9 2       4 8       9 2       6 7
- 6 7     - 2 9     - 4 8     - 2 9
  2 5       1 9       4 4       3 8
```

5 일의 자리 수끼리의 차가 7이 되는 두 수를 골라 차
　를 구해 봅니다.
　56-29=27, 46-29=17
　따라서 차가 17이 되는 두 수는 29와 46입니다.

6 75-58=17이므로 오리는 닭보다 17마리 더 많습
　니다.

⊙ BASIC TEST
| 3 세 수의 계산, 덧셈과 뺄셈의 관계 61쪽

1 (1) 52 (2) 15 **2** 방법1 (위에서부터) 97, 96, 97
　　　　　　　　　　　방법2 (위에서부터) 97, 40, 97
3 (위에서부터) 15 / 60, 45, 15 / 60, 15, 45
4 (위에서부터) 49 / 49, 28, 77 / 28, 49, 77
5 (1) 54, 54 (2) 93, 48
6 71개

1 (1) 26+9+17=52 (2) 61-19-27=15

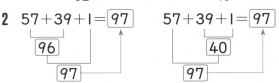

2 57+39+1= 97 　　57+39+1= 97

세 수의 합을 구할 때 더하기 쉬운 두 수를 먼저 더해
도 됩니다.

5 (1) $91-37=\boxed{54}$

➡ $37+\boxed{54}=91$

(2) $45+48=\boxed{93}$

➡ $93-\boxed{48}=45$

6 (지금 가지고 있는 개수)

　＝(처음에 가지고 있던 개수)－(먹은 개수)

　　＋(더 딴 개수)

　＝$64-8+15=56+15=71$(개)

⊙ BASIC TEST | 4 □의 값 구하기　　63쪽

1 $5+\square=12$　　　　**2** $76-\square=57$

3 $93-37=\square,\ 56$　　**4** 41

5 24쪽　　　　　　　**6** 99

---

1 늘어난 딸기 수를 □로 하여 덧셈식으로 나타냅니다.
딸기가 5개에서 □개만큼 늘어나 12개가 되었습니다.
➡ $5+\square=12$

2 줄어든 수를 □로 하여 뺄셈식으로 나타냅니다.
76에서 □만큼 줄어들어 57이 되었습니다.
➡ $76-\square=57$

3 덧셈식 $\square+37=93$을 뺄셈식 $93-37=\square$로 나
타내 □의 값을 구합니다.
➡ $\square=93-37=56$

4 뺄셈식 $80-\square=39$를 뺄셈식 $80-39=\square$로 나
타내 □의 값을 구합니다.
➡ $\square=80-39=41$

5 오늘 읽은 쪽수를 □로 하여 덧셈식으로 나타냅니다.
$27+\square=51$ ➡ $51-27=\square,\ \square=24$
따라서 오늘 읽은 위인전은 24쪽입니다.

6 어떤 수를 □로 하여 뺄셈식으로 나타냅니다.
$\square-36=27$ ➡ $27+36=\square,\ \square=63$
어떤 수는 63이므로 바르게 계산하면
$63+36=99$입니다.

⚫ MATH TOPIC　　64~71쪽

1-1 7, 3, 1　　　　**1-2** 6, 8

2-1 23　　　　　　**2-2** 68

3-1
```
    1              1
    8 3            8 5
  + 7 5   또는   + 7 3
  ─────          ─────
  1 5 8          1 5 8
```

3-2
```
    1              1
    1 6            1 7
  + 5 7   또는   + 5 6
  ─────          ─────
    7 3            7 3
```

4-1 34　　　　　　**4-2** 79

5-1 80　　**5-2** 127　　**5-3** 13

6-1 20, 21, 22, 23　　**6-2** 17, 18, 19

7-1 예 39, 6, 7　　**7-2** 예 49, 33, 26

심화유형 **8** 117 / 117

8-1 63개

1-1 일의 자리 계산에서 $4+\bigcirc=7$이므로 $\bigcirc=3$입니다.
십의 자리 계산에서 $\bigcirc+5=2$가 되는 $\bigcirc$은 없으므
로 백의 자리로 1을 받아올림한 것을 알 수 있습니다.
➡ $\bigcirc+5=12,\ \bigcirc=7$
백의 자리에는 십의 자리에서 받아올림한 수를 씁
니다.
➡ $\bigcirc=1$

1-2 일의 자리 계산에서 $1-\bigcirc=3$이 되는 $\bigcirc$은 없으므
로 십의 자리에서 10을 받아내림한 것을 알 수 있습
니다.
➡ $10+1-\bigcirc=3,\ 11-\bigcirc=3,\ \bigcirc=8$
십의 자리 계산은 10을 받아내림하였으므로 십의
자리 수가 1만큼 작아집니다.
➡ $\bigcirc-1-1=4,\ \bigcirc=6$

2-1 십의 자리 숫자가 6인 가장 작은 수: 십의 자리 숫
자가 6인 두 자리 수를 6□라 하고, 일의 자리에
가장 작은 수 1을 놓습니다. ➡ 61
십의 자리 숫자가 3인 가장 큰 수: 십의 자리 숫자
가 3인 두 자리 수를 3□라 하고, 일의 자리에 가
장 큰 수 8을 놓습니다. ➡ 38
따라서 두 수의 차는 $61-38=23$입니다.

2-2 일의 자리 숫자가 5인 가장 큰 수: 일의 자리 숫자
가 5인 두 자리 수를 □5라 하고, 십의 자리에 가장
큰 수 9를 놓습니다. ➡ 95

일의 자리 숫자가 7인 가장 작은 수: 일의 자리 숫
자가 7인 두 자리 수를 □7이라 하고, 십의 자리에
가장 작은 수 2를 놓습니다. ➡ 27

따라서 두 수의 차는 95−27=68입니다.

> **지도 가이드**
> 수를 알아보는 단원에서 반드시 나오는 문제로, 십진법의
> 개념이 바탕이 되어 있어야 스스로 해결할 수 있습니다.
> 십진법에서는 수의 각 자리마다 자릿값이라는 것을 가집
> 니다. 즉, 같은 숫자라도 자리에 따라 나타내는 수가 달라
> 집니다. 자릿값 개념은 이후 '큰 수'와 '연산' 학습에서 매
> 우 중요한 밑거름이 되므로 각 숫자가 나타내는 수를 이해
> 하여 해결할 수 있도록 지도해 주세요.

3-1 가장 큰 수 8과 둘째로 큰 수 7을 각각 십의 자리에
놓고, 나머지 수 3과 5를 각각 일의 자리에 놓습니다.
➡ 83과 75 또는 85와 73

3-2 가장 작은 수 1과 둘째로 작은 수 5를 각각 십의 자
리에 놓고, 나머지 수 6과 7을 각각 일의 자리에 놓
습니다.
➡ 16과 57 또는 17과 56

4-1 노란색 카드에 적힌 두 수의 합은 61+19=80입
니다. 초록색 카드에 적힌 두 수의 합도 80이므로
모르는 수를 □로 하여 덧셈식으로 나타내면
46+□=80 ➡ 80−46=□, □=34입니다.
따라서 뒤집어진 초록색 카드에 적힌 수는 34입니다.

4-2 분홍색 카드에 적힌 두 수의 차는 54−18=36입
니다. 보라색 카드에 적힌 두 수의 차도 36이므로
모르는 수를 □로 하여 뺄셈식으로 나타내면
□−43=36 ➡ 36+43=□, □=79입니다.
따라서 뒤집어진 보라색 카드에 적힌 수는 79입니다.

5-1 어떤 수를 □라 하면 □−26=28
➡ 28+26=□, □=54입니다.
어떤 수가 54이므로 바르게 계산하면
54+26=80입니다.

5-2 어떤 수를 □라 하면 □−35=57
➡ 57+35=□, □=92입니다.

어떤 수가 92이므로 바르게 계산하면
92+35=127입니다.

5-3 어떤 수를 □라 하면 □+29=71
➡ 71−29=□, □=42입니다.
어떤 수가 42이므로 바르게 계산하면
42−29=13입니다.

6-1 36+□=60일 때
36+□=60 ➡ 60−36=□이고
60−36=24이므로 □=24입니다.
36+24=60이므로 36+□가 60보다 작으려면
□ 안에 24보다 작은 수가 들어가야 합니다.
따라서 십의 자리 숫자가 2인 수 중 □ 안에 들어갈
수 있는 수는 20, 21, 22, 23입니다.

6-2 54−□=38일 때
54−□=38 ➡ 54−38=□이고
54−38=16이므로 □=16입니다.
54−16=38이므로 54−□가 38보다 작으려면
□ 안에 16보다 큰 수가 들어가야 합니다.
따라서 십의 자리 숫자가 1인 수 중 □ 안에 들어갈
수 있는 수는 17, 18, 19입니다.

7-1 세 수의 합이 52가 되려면 가장 큰 수인 39가 반드
시 들어가야 합니다.
39+□+□=52에서 □+□=52−39이므로
□+□=13입니다. 5, 6, 7 중에서 합이 13이 되
는 두 수는 6과 7이므로 나머지 두 수는 6, 7입니
다.
더하는 순서를 바꾸어도 결과가 같으므로 순서에
상관없이 □ 안에 39, 6, 7을 쓰면 됩니다.

7-2 ㉠+㉡−㉢=56 ➡ ㉠+㉡=56+㉢입니다.
3장의 수 카드를 ㉠, ㉡, ㉢에 넣어 ㉠+㉡=56+㉢
이 되는 경우를 찾아보면 $\underset{82}{49+33}=\underset{82}{56+26}$이므로
49+33−26=56(또는 33+49−26=56)입
니다.

8-1 (세 나라의 국기에 있는 별의 수)
=(미국 국기의 별의 수)+(베네수엘라 국기의 별의 수)
 +(중국 국기의 별의 수)
=50+8+5=63(개)

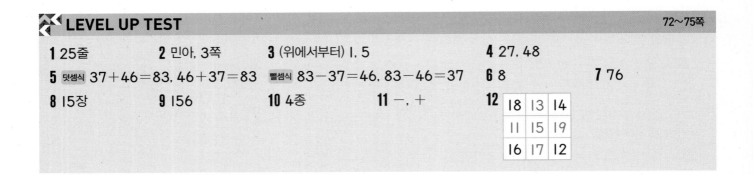

LEVEL UP TEST 72~75쪽

1 25줄 **2** 민아, 3쪽 **3** (위에서부터) 1, 5 **4** 27, 48

5 덧셈식 $37+46=83$, $46+37=83$ 뺄셈식 $83-37=46$, $83-46=37$ **6** 8 **7** 76

8 15장 **9** 156 **10** 4종 **11** $-$, $+$ **12**

18	13	14
11	15	19
16	17	12

1 접근 » 세 수의 합을 구할 때는 두 수의 합을 먼저 구합니다.

가야금은 12줄, 거문고는 6줄, 아쟁은 7줄이므로 세 악기의 줄 수를 모두 더하면
$12+6+7=25$(줄)입니다.

보충 개념
덧셈만 있는 세 수의 계산에서는 어떤 두 수를 먼저 더해도 계산 결과가 같아요.

다른 풀이
가야금은 12줄, 거문고는 6줄, 아쟁은 7줄이므로 세 악기의 줄 수를 모두 더하면
$12+6+7=25$(줄)입니다.

지도 가이드
2학년 1학기 교과 과정에서는 '세 수의 계산은 앞에서부터 차례로 한다'고 지도하고 있으나 덧셈만 있는 세 수의 계산에서는 어떤 두 수를 먼저 더하더라도 계산 결과가 같습니다. 앞에서부터 계산하는 습관을 들인 후에는 더하기 쉬운 두 수를 먼저 더하는 방법도 알려주어 수 조작력을 길러 주세요.

서술형 **2** 접근 » 두 사람이 이틀 동안 각각 몇 쪽씩 읽었는지 구합니다.

예 민아가 이틀 동안 읽은 쪽수는 $36+55=91$(쪽)이고, 준희가 이틀 동안 읽은 쪽수는
$70+18=88$(쪽)입니다. 따라서 민아가 $91-88=3$(쪽) 더 많이 읽었습니다.

해결 전략
더 많이 읽은 사람의 쪽수에서 적게 읽은 사람의 쪽수를 빼요.

채점 기준	배점
민아와 준희가 이틀 동안 읽은 쪽수를 각각 구했나요?	3점
누가 몇 쪽 더 많이 읽었는지 구했나요?	2점

3 64쪽 1번의 변형 심화 유형
접근 » 일의 자리를 먼저 계산한 다음 십의 자리를 계산합니다.

$$\begin{array}{r} 8\ \boxed{\text{㉠}} \\ -\ \boxed{\text{㉡}}\ 6 \\ \hline 2\ 5 \end{array}$$

일의 자리 계산에서 ㉠$-6=5$가 되는 한 자리 수 ㉠은 없으므로 십의 자리에서 10을 받아내림한 것을 알 수 있습니다.
➡ $10+$㉠$-6=5$, ㉠$=1$

십의 자리 계산은 10을 받아내림하였으므로 십의 자리 수가 1만큼 작아집니다.

➡ $8-1-ⓛ=2$, $ⓛ=5$

지도 가이드
십의 자리 계산에서 받아내림한 수를 생각하지 않고 그대로 빼서 틀리는 경우가 많습니다.
십의 자리에서 일의 자리로 10을 받아내림한 후에는 십의 자리 수를 지우고 1만큼 더 작은 수를 적어 두는 습관을 길러 주세요.

4 접근 》 합의 일의 자리 수가 5가 되는 두 수를 골라 봅니다.

일의 자리 수끼리의 합이 5가 되는 두 수를 골라 합을 구해 봅니다.
$16+19=35$, $16+39=55$, $27+48=75$
따라서 합이 75가 되는 두 수는 27과 48입니다.

다른 풀이
십의 자리 수끼리의 합이 6이나 7이 되는 두 수를 골라 합을 구해 봅니다.
$27+48=75$, $39+48=87$
따라서 합이 75가 되는 두 수는 27과 48입니다.

지도 가이드
합을 어림잡아 예상해 본 후에 계산하는 문제입니다. 어림은 계산 및 수에 대한 감각을 기르는 데 매우 유용한 학습입니다. 두 수를 고르는 모든 경우를 따져서 각각의 합을 구하는 방법은 본 문제의 의도와 맞지 않습니다.

5 접근 》 덧셈식을 만들 수 있는 세 수를 먼저 찾습니다.

구슬에 써 있는 수는 모두 두 자리 수이므로 합이 세 자리 수가 되는 경우는 빼고
두 수를 골라 더해 봅니다.
$37+51=88$, $37+46=83$, $51+46=97$
83이 써 있는 구슬이 있으므로 덧셈식을 만들 수 있는 세 수는 37, 46, 83입니다.
세 수로 덧셈식 2개와 뺄셈식 2개를 만들면 다음과 같습니다.

덧셈식 $\begin{bmatrix} 37+46=83 \\ 46+37=83 \end{bmatrix}$ 뺄셈식 $\begin{bmatrix} 83-37=46 \\ 83-46=37 \end{bmatrix}$

지도 가이드
덧셈과 뺄셈의 원리를 제대로 알고 있다면 식을 자유롭게 다른 형태로 나타낼 수 있습니다.
덧셈식을 또 다른 덧셈식으로 나타낼 때에는 두 수의 순서를 바꾸어도 합이 같다는 사실을 알려주시고, 덧셈식을 뺄셈식으로 나타낼 때는 가장 큰 수에서 다른 두 수를 각각 빼도록 지도해 주세요.

6
66쪽 3번의 변형 심화 유형
접근 ≫ 차가 가장 작은 두 수를 골라 각각 십의 자리에 놓습니다.

차가 가장 작은 두 수 9와 8을 각각 십의 자리에 놓습니다.
나머지 수 1과 3을 각각 일의 자리에 놓으면 두 수는 91과 83 또는 93과 81이 됩니다.
각각의 차를 구하면 91−83=8, 93−81=12이므로 차가 가장 작은 경우의 계산 결과는 8입니다.

보충 개념

십의 자리가 일의 자리보다 큰 수를 나타내므로 십의 자리에 차가 가장 작게 되는 두 수를 놓아요.

7
69쪽 6번의 변형 심화 유형
접근 ≫ □−27=48이 되는 경우를 먼저 생각합니다.

□−27=48일 때 □−27=48 ➡ 48+27=□, □=75입니다.
75−27=48이므로 □−27이 48보다 크려면 □ 안에 75보다 큰 수가 들어가야 합니다. 따라서 □ 안에 들어갈 수 있는 수 중 가장 작은 수는 76입니다.

보충 개념

□가 합이 되도록 덧셈식으로 나타내요.
　　□−27=48
➡ 48+27=□

> **지도 가이드**
> 모르는 수와 > 또는 <가 함께 나오는 문제는 >나 <를 =로 바꿔서 생각하는 것이 좋습니다.
> 등식으로 바꾸어 □의 값을 구한 후에는 주어진 식보다 결과가 크거나 작을 때 □의 값이 어떻게 변하는지 생각하면 됩니다. 물론 □ 안에 임의의 수를 차례로 넣어서 답을 구할 수도 있지만 시간이 많이 걸리므로 권하지 않습니다.

서술형 8
접근 ≫ 모르는 수를 □로 나타내어 식을 써 봅니다.

예 색종이 한 묶음에 들어 있는 색종이의 수를 □로 하여 식으로 나타내면
41−26+□=30입니다. 15+□=30 ➡ 30−15=□, □=15입니다.
따라서 색종이 한 묶음에 들어 있는 색종이는 15장입니다.

보충 개념

□가 차가 되도록 뺄셈식으로 나타내요.
　　15+□=30
➡ 30−15=□

다른 풀이

> 예 색종이 41장 중 26장을 사용했으므로 색종이가 41−26=15(장) 남았습니다.
> 이때 색종이 한 묶음을 더 사서 30장이 되었으므로 색종이 한 묶음에 들어 있는 색종이의 수를 □로 하여 식으로 나타내면 15+□=30 ➡ 30−15=□, □=15입니다.
> 따라서 색종이 한 묶음에 들어 있는 색종이는 15장입니다.

채점 기준	배점
문제에 알맞은 식을 만들었나요?	2점
색종이 한 묶음에 들어 있는 색종이의 수를 구했나요?	3점

9
접근 ≫ 모르는 수 중 구할 수 있는 것부터 먼저 구합니다.

▲가 44이므로 ★−27=▲의 식에 ▲ 대신 44를 넣어 식을 만들면 ★−27=44입니다. ★이 답이 되는 식으로 나타내면 ★−27=44 ➡ 44+27=★이므로 ★=71입니다.

해결 전략

첫째 식에 ▲의 값을 넣어 ★의 값을 구하고, 둘째 식에 ★의 값을 넣어 ■의 값을 구해요.

★이 71이므로 ■─★=85의 식에 ★ 대신 71을 넣어 식을 만들면 ■─71=85입니
$$\underset{71}{}$$
다. ■가 답이 되는 식으로 나타내면 ■─71=85 ➡ 85+71=■이므로 ■=156입
니다.

10 접근 ≫ 멸종 위기 야생 식물의 수부터 구합니다.

멸종 위기 야생 식물은 1급과 2급이 있으므로 1급과 2급의 수를 합하면
9+68=77(종)입니다.
멸종 위기 야생 곤충은 멸종 위기 야생 식물보다 55종 더 적으므로 멸종 위기 야생 곤
충은 77─55=22(종)입니다.
멸종 위기 야생 곤충은 모두 22종이고, 그중 2급은 18종이므로 멸종 위기 야생 곤충 1급
은 22─18=4(종)입니다.

11 접근 ≫ 왼쪽의 수(51)와 계산 결과를 비교하여 +, ─를 넣어 봅니다.

계산 결과가 51보다 작아졌으므로 두 개의 ○ 안에 모두 +가 들어갈 수는 없습니다.
첫째 ○ 안에 ─를 넣어 두 수를 먼저 계산해 보면 51─39=12입니다.
12○8=20이 되도록 둘째 ○ 안에 기호를 넣으면 12+8=20입니다.
➡ 51─39+8=20

> **지도 가이드**
> 처음부터 ○ 안에 +나 ─를 넣어서 계산하는 것보다 수의 크기를 살펴보고 계산하는 것이 좋습니다.
> 주어진 식의 가장 왼쪽의 수 51과 계산 결과 20을 비교하면 계산 결과가 작아졌으므로 두 개의 ○
> 안에 +와 +가 들어갈 수 없다는 것을 계산해 보지 않아도 알 수 있습니다.

12 접근 ≫ 세 수 중 두 수가 주어진 줄을 먼저 계산합니다.

가로나 세로로 나란히 놓인 세 수의 합이 각각 45가 되도록 덧셈식을 쓰고, 구할 수 있
는 수부터 차례로 계산하여 알아봅니다.

18	㉠	14
㉡	㉢	㉣
16	㉤	12

첫째 가로줄: 18+㉠+14=45, 32+㉠=45 ➡ 45─32=㉠, ㉠=13
셋째 가로줄: 16+㉤+12=45, 28+㉤=45 ➡ 45─28=㉤, ㉤=17
첫째 세로줄: 18+㉡+16=45, 34+㉡=45 ➡ 45─34=㉡, ㉡=11
셋째 세로줄: 14+㉣+12=45, 26+㉣=45 ➡ 45─26=㉣, ㉣=19

둘째 가로줄: ⓛ+ⓒ+ⓔ=45, 11+ⓒ+19=45, 30+ⓒ=45 ➡ 45-30=ⓒ,
　　　　　ⓒ=15

(둘째 세로줄: ⓐ+ⓒ+ⓜ=45, 13+ⓒ+17=45, 30+ⓒ=45 ➡ 45-30=ⓒ,
　　　　　ⓒ=15)

> **지도 가이드**
> 세 수의 계산이지만 두 수가 주어지기 때문에 두 수의 계산에서 □의 값을 구하는 문제와 같습니다.

▲▲ HIGH LEVEL

76쪽

1 11마리　　　　　　　**2** 38

1 접근 ≫ 모르는 수를 모두 □를 이용하여 나타냅니다.

어항 안에 있는 열대어 중 수컷의 수를 □라 하면 암컷은 수컷보다 9마리 더 많으므로 암컷의 수는 □+9입니다.

어항 안에 있는 열대어는 31마리이므로 (수컷의 수)+(암컷의 수)=□+□+9=31이 되어야 합니다.

□+□+9=31 ➡ 31-9=□+□, 22=□+□이고 22=11+11이므로 □=11입니다.

따라서 어항 안에 있는 열대어 중 수컷은 11마리입니다.

> **보충 개념**
> 20=10+10, 2=1+1이므로 같은 수를 두 번 더하여 22가 되는 수는 11이에요.

2 74쪽 9번의 변형 심화 유형
접근 ≫ 모르는 수 중 구할 수 있는 것부터 먼저 구합니다.

▲=30이므로 ♥+♥=▲의 식에 ▲ 대신 30을 넣어 식을 만들면 ♥+♥=30입니다.
　　　　　　　　　 30

같은 수를 두 번 더하여 30이 되는 경우는 15+15=30이므로 ♥=15입니다.

▲=30, ♥=15이므로 ★+7=♥+▲의 식에 ♥와 ▲ 대신 각각 15와 30을 넣어 식
　　　　　　　　　　　 15 30

을 만들면 ★+7=15+30, ★+7=45 ➡ 45-7=★, ★=38입니다.

▲=30, ♥=15, ★=38이므로 ■-♥=★-▲+♥의 식에 ♥, ★, ▲ 대신 각각 15,
　　　　　　　　　　　　　　 15 38 30 15

38, 30을 넣어 식을 만들면 ■-15=38-30+15, ■-15=23 ➡ 23+15=■,
■=38입니다.

4 길이 재기

⊙ **BASIC TEST**
1 길이 비교 방법, 여러 가지 단위로 길이 재기 81쪽

1 (　　　) / 깁니다에 ○표
(　○　)

2 다, 가, 나

3 사전

4 6번, 4번

5 하라

6 준수

1 종이띠를 이용하여 ㉠과 ㉡의 길이를 나타내면 다음
과 같으므로 ㉠이 ㉡보다 더 깁니다.

㉠ ▬▬▬▬▬▬
㉡ ▬▬▬▬▬

2 종이띠를 이용하여 색연필의 길이를 나타내면 다음
과 같으므로 길이가 짧은 것부터 차례로 기호를 쓰면
다, 가, 나입니다.

가 ▬▬▬▬▬▬▬
나 ▬▬▬▬▬▬▬▬
다 ▬▬▬▬▬

3 책꽂이의 칸보다 책이 길면 꽂을 수 없으므로 책꽂이
의 위쪽 칸에 꽂을 수 있는 책은 사전입니다.

4 허리띠의 길이는 형광펜으로 6번이고, 필통으로 4번
입니다.

5 잰 횟수가 같으므로 길이를 잴 때 사용한 단위의 길
이를 비교해 봅니다. 풀보다 숟가락의 길이가 더 길
기 때문에 숟가락으로 잰 하라의 우산이 더 깁니다.

6 같은 길이를 잴 때 단위의 길이가 길수록 잰 횟수가
적습니다. 따라서 한 뼘의 길이가 더 긴 사람은 잰 횟
수가 더 적은 준수입니다.

⊙ **BASIC TEST**
2 1cm 알아보기, 자로 길이 재는 방법　　83쪽

1

2 ⑩ 누가 재어도 똑같은 값이 나오므로 길이를 정확하게
잴 수 있습니다.

3 6cm

4 ⑩ ├─┼─┼─┼─┼┈┼┈┼

5 ㉡

6 (왼쪽부터) 4, 3, 5

1 1cm가 4번 ➡ 4cm, 1cm가 2번 ➡ 2cm,
1cm가 3번 ➡ 3cm

2 뼘으로 잰 횟수는 잰 사람의 뼘의 길이에 따라 다릅
니다.

3 크레파스의 한끝이 눈금 0에 맞춰졌으므로 크레파스
의 다른 끝에 있는 자의 눈금을 읽습니다. ➡ 6cm

4 막대의 길이를 재어 보면 4cm이므로 4cm만큼 점
선을 따라 선을 긋습니다.

5 ㉠은 1cm가 3번 들어가므로 3cm이고, ㉡은 1cm
가 4번 들어가므로 4cm입니다.
따라서 ㉡의 길이가 더 깁니다.

6 삼각형의 각 변에 자를 나란히 놓고 길이를 잽니다.

⊙ **BASIC TEST**
3 자로 길이 재기, 길이 어림하기　　85쪽

1 약 6cm / ⑩ 길이가 자의 눈금 사이에 있을 때에는 가
까운 쪽에 있는 숫자를 읽어야 합니다.

2 약 4cm

3 나

4 ⑩ 약 5cm, 5cm

5 기태

6 같습니다에 ○표

1 물건의 한쪽 끝이 눈금 사이에 있을 때 '약 □cm'라
고 씁니다.

2 한끝이 5이고 다른 끝이 9에 가까우므로 1cm가 약
4번 들어갑니다. 바늘의 길이는 약 4cm입니다.

3 1cm가 5번쯤 들어가는 것을 찾습니다.
가: 약 6cm, 나: 약 5cm, 다: 약 4cm

4 자로 재기 전에 눈대중으로 길이를 어림하여 '약 몇 cm'라고 쓰고, 열쇠의 긴 쪽에 자를 나란히 놓고 길이를 잽니다.

5 실제 길이와 어림한 길이의 차를 구하면 정아는 $15-12=3$(cm), 기태는 $17-15=2$(cm)입니다. 따라서 기태가 실제 길이에 더 가깝게 어림하였습니다.

6 자로 재어 보면 가와 나의 길이는 같습니다.

MATH TOPIC
86~93쪽

1-1 딸기, 바나나, 사과, 수박

1-2 돼지, 토끼, 오리, 호랑이

2-1
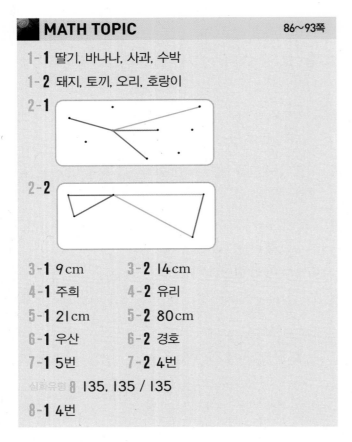

2-2

3-1 9 cm	**3-2** 14 cm
4-1 주희	**4-2** 유리
5-1 21 cm	**5-2** 80 cm
6-1 우산	**6-2** 경호
7-1 5번	**7-2** 4번

심화유형 **8** 135, 135 / 135

8-1 4번

1-1 접시에서 각 작물까지 선을 그은 후 막대나 끈 등을 이용하여 그은 선의 길이를 비교합니다.

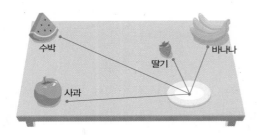

접시에서 가까운 곳에 있는 작물부터 차례로 쓰면 딸기, 바나나, 사과, 수박입니다.

1-2 다람쥐에서 각 동물까지 선을 그은 후 막대나 끈 등을 이용하여 그은 선의 길이를 비교합니다.

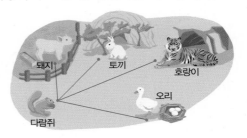

다람쥐에 가까이 있는 동물부터 차례로 쓰면 돼지, 토끼, 오리, 호랑이입니다.

2-1 빨간 점에서부터 자로 재어 2 cm, 4 cm 되는 점을 찾아 각각 알맞은 색깔로 선을 그어 봅니다.

2-2 두 점 사이의 거리를 자로 재어 1 cm, 2 cm, 4 cm 되는 곳을 찾아 각각 알맞은 색깔로 선을 그어 봅니다.

3-1 빨간색 선의 길이는 1 cm로 9번이므로 9 cm입니다.

3-2 그린 선의 길이는 1 cm로 5번, 4번, 5번으로 모두 $5+4+5=14$(번)이므로 14 cm입니다.

4-1 같은 길이를 잴 때 잰 걸음 수가 많을수록 한 걸음의 길이가 짧습니다.
잰 걸음 수를 비교해 보면 $24>22>20>19$로 주희가 가장 많습니다. 따라서 한 걸음의 길이가 가장 짧은 사람은 주희입니다.

4-2 같은 길이를 잴 때 잰 뼘의 수가 적을수록 한 뼘의 길이가 깁니다.
잰 뼘의 수를 비교해 보면 $15<16<17<18$로 유리가 가장 적습니다. 따라서 한 뼘의 길이가 가장 긴 사람은 유리입니다.

5-1 스케치북의 짧은 쪽의 길이는 물감으로 3번 잰 길이와 같으므로 물감의 길이를 3번 더한 것과 같습니다. 물감의 길이는 7 cm이므로 스케치북의 짧은 쪽의 길이는 $\underset{\text{3번}}{\underline{7+7+7}}=21$(cm)입니다.

5-2 야구 방망이의 길이는 운동화로 4번 잰 길이와 같으므로 운동화의 길이를 4번 더한 것과 같습니다. 운동화의 길이는 20 cm이므로 야구 방망이의 길이는 $\underset{\text{4번}}{\underline{20+20+20+20}}=80$(cm)입니다.

6-1 자로 잰 길이와 어림한 길이의 차를 각각 구해 봅니다.

화분: $30-22=8$(cm)

양초: $16-12=4$(cm)

우산: $65-63=2$(cm)

자로 잰 길이와 어림한 길이의 차가 가장 작은 것은 우산이므로 실제 길이에 가장 가깝게 어림한 것은 우산입니다.

6-2 자로 잰 길이와 어림한 길이의 차를 각각 구해 봅니다.

소연: $96-86=10$(cm)

윤희: $96-93=3$(cm)

경호: $98-96=2$(cm)

자로 잰 길이와 어림한 길이의 차가 가장 작은 사람은 경호이므로 가장 가깝게 어림한 사람은 경호입니다.

7-1 (망치의 길이)$=\underset{4번}{\underline{5+5+5+5}}=20$(cm)

망치의 길이는 20cm이고

$20=\underset{5번}{\underline{4+4+4+4+4}}$이므로 망치의 길이는 길이가 4cm인 못으로 5번 잰 것과 같습니다.

7-2 (화분의 높이)$=\underset{5번}{\underline{8+8+8+8+8}}=40$(cm)

화분의 높이는 40cm이고

$40=\underset{4번}{\underline{10+10+10+10}}$이므로 화분의 높이는 길이가 10cm인 가위로 4번 잰 것과 같습니다.

8-1 $24=\underset{4번}{\underline{6+6+6+6}}$이므로 몸길이가 24cm인 지렁이는 길이가 6cm인 나뭇잎으로 4번 재어야 합니다.

◆◀ LEVEL UP TEST

94~97쪽

1 ㉡	2 ㉡	3 약 7달	4 ㉠, ㉣, ㉢, ㉡	5 8 cm

6 ├──────────────────────────────────────┤   7 15번
   시작점

8 약 30 cm	9 주혁	10 8 cm	11 2번	12 42 cm

1 접근 ≫ 카드의 길이와 봉투의 길이를 비교해 봅니다.

카드의 길이가 봉투의 길이보다 짧아야 넣을 수 있습니다.

> **주의**
> 카드를 돌려서 넣을 수도 있어요.

㉠ 카드의 짧은 쪽 길이는 봉투의 짧은 쪽 길이보다 짧지만 ㉠ 카드의 긴 쪽 길이는 봉투의 긴 쪽 길이보다 깁니다.

㉡ 카드의 긴 쪽 길이는 봉투의 긴 쪽 길이보다 짧고, ㉡ 카드의 짧은 쪽 길이는 봉투의 짧은 쪽 길이보다 짧습니다.

㉢ 카드의 한쪽 길이는 봉투의 긴 쪽 길이보다 짧지만 봉투의 짧은 쪽 길이보다 깁니다.

따라서 봉투에 구기거나 접지 않고 넣을 수 있는 카드는 ㉡입니다.

정답과 풀이

2 접근 » 면봉 하나를 단위로 생각합니다.

변의 길이의 합이 각각 면봉 몇 개의 길이와 같은지 알아봅니다.

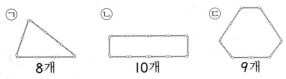

따라서 변의 길이의 합이 가장 긴 것은 ⓒ입니다.

보충 개념

같은 단위로 잴 때, 잰 횟수가 많을수록 길이가 길어요.

3 접근 » 먼저 머리카락의 길이를 자로 잽니다.

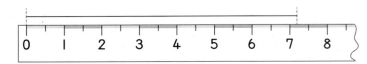

머리카락의 한끝을 자의 눈금 0에 맞추어 길이를 재면 다른 끝이 8보다 7에 가까우므로 머리카락의 길이는 약 7cm입니다.

머리카락이 한 달에 약 1cm씩 자라므로 길이가 약 7cm인 머리카락은 약 7달 동안 자란 것입니다.

주의

어림한 값에는 앞에 '약'을 붙여요.

4 89쪽 4번의 변형 심화 유형
접근 » 단위의 길이가 짧을수록 여러 번 재어야 합니다.

단위의 길이를 비교하면 ㉠<㉣<㉢<㉡입니다.
같은 길이를 잴 때 단위의 길이가 짧을수록 잰 횟수가 많습니다. 따라서 잰 횟수가 많은 것부터 차례로 기호를 쓰면 ㉠, ㉣, ㉢, ㉡입니다.

지도 가이드
'단위의 길이와 잰 횟수는 반대이다'라는 식으로 무조건 외우는 것은 도움이 되지 않습니다.
단위가 짧을수록 잰 횟수가 왜 많아지는지를 이해해야 같은 원리를 다른 문제에도 적용할 수 있습니다.

서술형 5 접근 » 색 테이프가 각각 1cm로 몇 번인지 알아봅니다.

예 분홍색 테이프는 1cm로 5번이고, 갈색 테이프는 1cm로 3번입니다.
따라서 두 색 테이프를 겹치지 않게 이어 붙인 길이는 1cm로 5+3=8(번)이므로 8cm입니다.

채점 기준	배점
분홍색 테이프와 갈색 테이프의 길이는 1cm로 각각 몇 번인지 구했나요?	3점
이어 붙인 색 테이프의 길이를 구했나요?	2점

보충 개념

길이를 재려는 색 테이프에 1cm가 몇 번 들어가는지 세요.

주의

물건의 한끝이 눈금 0에 맞춰져 있지 않으므로 분홍색 테이프의 길이는 8cm가 아니에요.

수학 2-1 **36**

6

87쪽 2번의 변형 심화 유형

접근 》 먼저 사각형의 네 변의 길이를 자로 재어 봅니다.

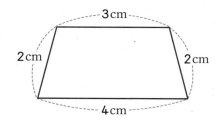

자로 사각형의 네 변의 길이를 각각 재어 보면 3cm, 2cm, 4cm, 2cm이므로 사용한 철사의 길이는 3+2+4+2=11(cm)입니다.
따라서 주어진 점선에 자를 바르게 대고 눈금 0에서부터 눈금 11이 있는 곳까지 길이가 11cm인 선을 긋습니다.

> **지도 가이드**
>
> 자를 변과 나란히 놓고 눈금 0을 변의 한끝에 맞추어 길이를 잴 수 있도록 지도해 주세요.
> 선을 그을 때도 눈금 0에서부터 시작합니다.

7

접근 》 먼저 리코더의 길이가 풀로 몇 번인지 알아봅니다.

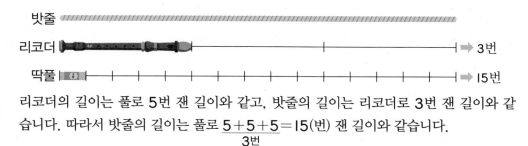

리코더의 길이는 풀로 5번 잰 길이와 같고, 밧줄의 길이는 리코더로 3번 잰 길이와 같습니다. 따라서 밧줄의 길이는 풀로 5+5+5=15(번) 잰 길이와 같습니다.
(밑줄 아래: 3번)

해결 전략

리코더의 길이가 풀로 몇 번인지를 이용하여 밧줄의 길이는 풀로 몇 번인지 구해요.

8

92쪽 7번의 변형 심화 유형

접근 》 팔 길이를 단위로 생각합니다.

목도리의 길이 90cm가 민준이의 팔 길이로 3번쯤이므로 민준이의 팔 길이를 3번 더한 길이는 약 90cm입니다. 어떤 수를 3번 더해서 90이 되는 경우는 30+30+30=90 (밑줄 아래: 3번) 이므로 민준이의 팔 길이는 약 30cm입니다.

> **지도 가이드**
>
> 단위의 길이를 잰 횟수만큼 더하면 잰 길이를 구할 수 있습니다. 이 문제는 잰 길이와 잰 횟수를 이용하여 거꾸로 단위의 길이를 구하는 문제입니다. 아직 나눗셈 단원을 배우지 않았으므로 여러 번 더한 수를 한 번에 구하기는 어렵습니다. 덧셈을 이용하여 더한 수를 찾도록 지도해 주세요.

9

91쪽 6번의 변형 심화 유형

접근 》 어림한 길이가 실제 길이보다 얼마나 길거나 짧은지 알아봅니다.

자로 잰 길이와 어림한 길이의 차를 각각 구해 봅니다.
용진: 91-85=6(cm), 다은: 95-91=4(cm), 주혁: 91-88=3(cm)
자로 잰 길이와 어림한 길이의 차가 가장 작은 사람은 주혁이므로 실제 길이에 가장 가깝게 어림한 사람은 주혁입니다.

보충 개념

어림한 값은 대략 짐작한 값이므로 실제 값보다 작거나 클 수 있어요. 이 중 실제 값과 차이가 덜 날수록 가깝게 어림한 것이에요.

해결 전략

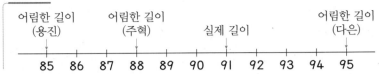

어림한 길이 (용진)　　　어림한 길이 (주혁)　　　실제 길이　　　어림한 길이 (다은)

85　86　87　88　89　90　91　92　93　94　95

주의
두 수의 차를 구할 땐 큰 수에서 작은 수를 빼야 해요.

10 88쪽 3번의 변형 심화 유형

접근 >> 가장 가까운 길을 만들려면 길을 아래쪽이나 오른쪽으로만 그어야 합니다.

가장 가까운 길은 아래쪽으로 3칸, 오른쪽으로 5칸을 그으면 되므로 모두 8칸입니다.
한 칸은 작은 사각형의 한 변의 길이인 1cm이므로 8칸의 길이는 8cm입니다.

> **지도 가이드**
> ㉮에서 ㉯까지 가장 가까운 길을 그리는 방법은 다음과 같이 여러 가지가 있습니다.
> 모두 아래쪽으로 3칸, 오른쪽으로 5칸 그리게 됩니다.

주의
위쪽이나 왼쪽으로 길을 만들면 돌아가게 되므로 가장 가까운 길이 아니에요.

틀린 예

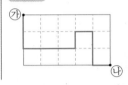

11

접근 >> 티스푼과 주걱을 각각 단위로 하여 길이를 비교합니다.

식탁의 높이, 티스푼의 길이, 주걱의 길이를 그림으로 나타내 봅니다.

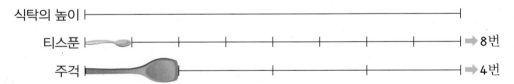

식탁의 높이
티스푼　➡ 8번
주걱　➡ 4번

따라서 주걱의 길이는 티스푼으로 2번 잰 길이와 같습니다.

> **지도 가이드**
> 아직 '몇의 몇 배' 개념을 배우지 않았으므로 '티스푼으로 잰 횟수가 주걱으로 잰 횟수의 2배이기 때문에 주걱의 길이가 티스푼의 길이의 2배이다.'라고 설명할 수 없습니다.
> 잰 횟수를 이용하여 티스푼과 주걱의 길이를 간단한 그림으로 그려서 이해하도록 도와주세요.

12 90쪽 5번의 변형 심화 유형

접근 ≫ 도장의 길이를 이용하여 수수깡의 길이를 먼저 구합니다.

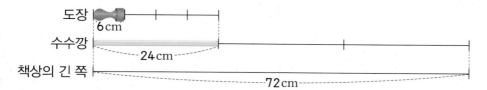

보충 개념

단위로 잰 횟수만큼 단위의 길이를 더하면 잰 길이가 돼요.

해결 전략

도장의 길이 ➡ 수수깡의 길이 ➡ 책상의 긴 쪽의 길이 ➡ 책상의 짧은 쪽의 길이 순으로 구해요.

⑩ 수수깡의 길이는 6cm인 도장으로 4번 잰 길이와 같으므로 $\underset{4번}{6+6+6+6}=24$(cm)

입니다. 책상의 긴 쪽의 길이는 24cm인 수수깡으로 3번 잰 길이와 같으므로

$\underset{3번}{24+24+24}=72$(cm)입니다.

책상의 긴 쪽과 짧은 쪽의 길이의 차가 30cm이므로 책상의 짧은 쪽의 길이는

$72-30=42$(cm)입니다.

채점 기준	배점
수수깡의 길이를 구했나요?	2점
책상의 긴 쪽의 길이를 구했나요?	2점
책상의 짧은 쪽의 길이를 구했나요?	1점

▲▲ HIGH LEVEL

98쪽

1 66 cm   **2** 5가지

1 96쪽 7번의 변형 심화 유형

접근 ≫ 잠자리채, 크레파스, 머리빗의 길이를 그림으로 나타내 봅니다.

해결 전략

크레파스로 잰 길이를 머리빗으로 잰 길이로 바꾸어 나타낸 다음, 머리빗의 길이를 이용하여 잠자리채의 길이를 구해요.

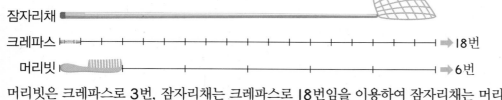

머리빗은 크레파스로 3번, 잠자리채는 크레파스로 18번임을 이용하여 잠자리채는 머리빗으로 몇 번인지 알아봅니다.

3을 여러 번 더해서 18이 되는 경우는 $\underset{6번}{3+3+3+3+3+3}=18$이므로 잠자리채는

머리빗으로 6번 잰 길이와 같습니다. 머리빗의 길이가 11cm이므로 잠자리채의 길이는

$\underset{6번}{11+11+11+11+11+11}=66$(cm)입니다.

2 접근 ≫ 두 길이의 합이나 차만큼의 길이를 잴 수 있습니다.

두 개의 실을 겹치지 않게 연결하면 합만큼의 길이를 잴 수 있고, 두 개의 실을 한쪽 끝을 맞춰 나란히 놓으면 차만큼의 길이를 잴 수 있습니다.

해결 전략

두 개의 실을 겹치지 않게 연결하면 두 개의 실 길이의 합만큼의 길이를 잴 수 있어요.

합

두 개의 실을 한쪽 끝을 맞춰 나란히 놓으면 두 개의 실 길이의 차만큼의 길이를 잴 수 있어요.

차

• 2cm짜리와 5cm짜리로 잴 수 있는 길이

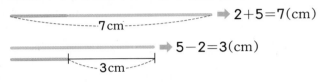
➡ 2+5=7(cm)

➡ 5−2=3(cm)

• 2cm짜리와 8cm짜리로 잴 수 있는 길이

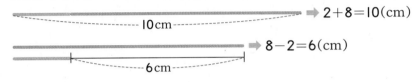
➡ 2+8=10(cm)

➡ 8−2=6(cm)

• 5cm짜리와 8cm짜리로 잴 수 있는 길이

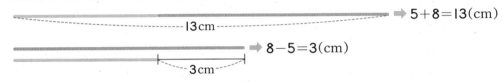
➡ 5+8=13(cm)

➡ 8−5=3(cm)

따라서 두 개의 실을 사용하여 잴 수 있는 길이는 3cm, 6cm, 7cm, 10cm, 13cm로 모두 **5**가지입니다.

5 분류하기

◉ BASIC TEST | 1 기준에 따라 분류하기 103쪽

1

검정색	빨간색
㉠, ㉢, ㉭, ㉯, ㉰	㉡, ㉣, ㉱

2

㉠, ㉢, ㉱	㉡, ㉭	㉣, ㉯, ㉰

3 ㉢

4 예 날 수 있는 동물과 날 수 없는 동물

5 길이, 무늬

6 예 지폐와 동전 /

〈지폐〉	〈동전〉
㉠, ㉢, ㉣, ㉯, ㉱	㉡, ㉭, ㉰

---

1 선글라스를 렌즈의 색깔에 따라 두 가지로 분류할 수 있습니다.

2 선글라스를 렌즈의 모양에 따라 세 가지로 분류할 수 있습니다.

3 ㉠ 사람에 따라 소리가 좋다고 생각하는 악기가 다르기 때문에 분류 기준이 분명하지 않습니다.
㉡ 얼마나 무거워야 무겁다고 할 수 있는지 정하지 않았기 때문에 분류 기준이 분명하지 않습니다.
㉢ 탬버린, 트라이앵글, 북은 두드려서 소리를 내는 악기이고 나머지는 아닙니다.
따라서 두드려서 소리를 내는 것과 아닌 것으로 분류할 수 있습니다.

4 나비, 벌, 잠자리는 날 수 있고 거미, 지네는 날 수 없으므로 날 수 있는 동물과 날 수 없는 동물로 분류할 수 있습니다.

5 길이에 따라 긴 것과 짧은 것, 무늬에 따라 무늬가 있는 것과 없는 것으로 분류할 수 있습니다.

6 **다른 답**

분류 기준: 예 우리나라 화폐와 외국 화폐 /

〈우리나라 화폐〉	〈외국 화폐〉
㉠, ㉡, ㉭, ㉰, ㉱	㉢, ㉣, ㉯

◉ BASIC TEST | 2 분류한 결과를 세고 말하기 105쪽

1

소매 길이	긴 것	짧은 것
세면서 표시하기	〣〢	〣
수(벌)	7	5

2

단추 수	0개	2개	5개
세면서 표시하기	〣〡	〢	〤
수(벌)	6	2	4

3 2벌

4 예 바나나를 좋아하는 학생이 6명으로 가장 많으므로 바나나를 준비하는 것이 좋습니다.

5 (위에서부터) 3개 / 2개, 1개

---

1 소매가 긴 것은 7벌, 소매가 짧은 것은 5벌입니다.

2 단추가 0개인 것은 6벌, 단추가 2개인 것은 2벌, 단추가 5개인 것은 4벌입니다.

3 소매가 짧은 것은 , , , , 이고, 이 중에서 단추가 없는 것은 , 로 2벌입니다.

5

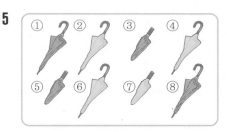

모양\색깔	연두색	노란색
긴 우산	①, ⑧	②, ④, ⑥
짧은 우산	③, ⑤	⑦

> **지도 가이드**
> 색깔에 따라 분류한 결과를 모양에 따라 분류하거나 모양에 따라 분류한 결과를 색깔에 따라 분류합니다.

MATH TOPIC

1-1 예 다리의 수 /

〈다리가 없는 것〉	〈다리가 2개인 것〉	〈다리가 4개인 것〉
②, ⑥, ⑦	①, ④, ⑧	③, ⑤

2-1 초콜릿 맛

3-1 3명   **3-2** 장미, 1명

4-1 ㉢

5-1 예 물건의 종류에 따라 장난감과 학용품으로 분류하였습니다.

5-2 예 약의 종류에 따라 바르는 것, 붙이는 것, 먹는 것으로 분류하였습니다.

6-1 2마리   **6-2** 3켤레

심화유형 **7** 3, 2, 3 / 3, 2, 3   **7-1** 2, 2, 3

1-1 다른 답

분류 기준: 예 주로 활동하는 곳

〈땅〉	〈하늘〉	〈바다〉
③, ⑤, ⑦	①, ④, ⑧	②, ⑥

2-1 아이스크림을 맛에 따라 분류하고 그 수를 세어 봅니다.

맛	딸기 맛	초콜릿 맛	레몬 맛	피스타치오 맛
수(개)	3	8	3	2

6월에 가장 많이 팔린 아이스크림은 초콜릿 맛 아이스크림입니다. 따라서 7월에도 아이스크림을 많이 팔기 위해서는 초콜릿 맛 아이스크림을 가장 많이 준비하는 것이 좋습니다.

3-1 꽃을 종류에 따라 분류하고 그 수를 세어 봅니다.

종류	장미	코스모스	튤립	국화	해바라기
수(명)	4	5	2	3	4

가장 많은 학생들이 좋아하는 꽃은 코스모스로 5명이고, 가장 적은 학생들이 좋아하는 꽃은 튤립으로 2명입니다. ➡ 5−2=3(명)

3-2 장미를 좋아하는 학생은 4명이고, 국화를 좋아하는 학생은 3명이므로 장미를 좋아하는 학생이 4−3=1(명) 더 많습니다.

4-1 빨래를 종류에 따라 분류하고 그 수를 세어 봅니다.

종류	티셔츠	수건	반바지	치마
수(개)	3	5	5	2

㉠ 널어놓은 빨래는 모두 3+5+5+2=15(개)입니다.

㉡ 수건과 반바지의 개수는 각각 5개로 같습니다.

㉢ 치마의 개수가 2개로 가장 적습니다.

따라서 잘못 설명한 것은 ㉢입니다.

5-1 로봇, 곰 인형, 공룡 인형은 장난감이고, 가위, 풀, 연필, 지우개, 필통은 학용품입니다.

5-2 연고는 바르는 약, 반창고는 붙이는 약, 알약과 물약은 먹는 약입니다.

6-1 동물을 주로 활동하는 곳에 따라 분류합니다.

┌ 주로 땅에서 활동하는 것: 기린, 지렁이, 뱀, 고양이, 토끼
└ 주로 땅에서 활동하지 않는 것: 독수리, 새우

주로 땅에서 활동하는 것을 다리에 따라 분류합니다.

┌ 다리가 없는 것: 지렁이, 뱀 ➡ 2마리
└ 다리가 있는 것: 기린, 고양이, 토끼

따라서 주로 땅에서 활동하고 다리가 없는 동물은 2마리입니다.

6-2 신발을 신발끈에 따라 분류합니다.

┌ 신발끈이 없는 것: ①, ②, ③, ⑥
└ 신발끈이 있는 것: ④, ⑤, ⑦

신발끈이 없는 것을 신발의 종류에 따라 분류합니다.

┌ 구두인 것: ①, ③, ⑥ ➡ 3켤레
└ 구두가 아닌 것: ②

따라서 신발끈이 없는 구두는 3켤레입니다.

7-1 위인들을 업적에 따라 분류해 봅니다.
독립운동가: 유관순, 안중근 ➡ 2명
음악가: 모차르트, 베토벤 ➡ 2명
과학자: 뉴턴, 장영실, 마리 퀴리 ➡ 3명

1 ②, ④, ⑥ / ⑤, ⑧ / ①, ⑦ / ③, ⑨　　**2** 예 물건을 주로 사용하는 계절　　**3** 7일

4 12, 11, 7　　　　**5** 16일　　　　**6** 3, 3, 4　　　　**7** 예 (위에서부터) 있는 것, 없는 것 / 4, 6

8

9 11, 14

10 양배추에 ○표

손잡이＼용도	접시	컵	냄비
있는 것	없음	⑨	②, ④, ⑦
	0개	1개	3개
없는 것	①, ⑤, ⑩	③, ⑧	⑥
	3개	2개	1개

---

1 접근 ≫ 각각 어떤 재료로 만들어졌는지 알아봅니다.

종류별로 분류하면 다음과 같습니다.

- 플라스틱류: ②, ④, ⑥
- 캔류: ⑤, ⑧
- 종이류: ①, ⑦
- 유리류: ③, ⑨

2

서술형

110쪽 5번의 변형 심화 유형

접근 ≫ 물건들을 각각 언제 사용하는지 생각해 봅니다.

예 샌들, 부채, 선풍기, 튜브는 주로 여름에 사용하고, 털부츠, 목도리, 털모자, 장갑은 주로 겨울에 사용합니다. 따라서 물건을 사용하는 계절에 따라 분류한 것입니다.

채점 기준	배점
분류한 물건들을 주로 언제 사용하는지 설명했나요?	3점
분류 기준을 썼나요?	2점

3 접근 ≫ 우산이 언제 필요한지 생각해 봅니다.

우산은 비 오는 날에 필요하므로 비 온 날수를 세어 보면 **7일**입니다.

> **지도 가이드**
> 주어진 상황을 이해하여 필요한 자료만 세는 문제입니다.
> 우산이 언제 필요한지를 먼저 생각하고 해당하는 날수를 세도록 지도해 주세요.

4 접근 » 날씨에 따라 세 가지로 분류할 수 있습니다.

달력을 보고 날씨에 따라 분류하고 날수를 세어 보면 맑은 날은 12일, 흐린 날은 11일, 비 온 날은 7일입니다.

보충 개념
날씨를 맑은 날, 흐린 날, 비 온 날로 분류해요.

> **지도 가이드**
> 자료의 수를 셀 때는 센 자료에 ○, ×와 같이 표시하여 빠트리거나 여러 번 세지 않도록 지도해 주세요.
> 다 센 후에는 전체 자료의 수와 분류한 자료의 수의 합이 같은지 확인해 보는 것이 좋습니다.
> 이 달은 모두 30일이고 센 날수의 합이 12+11+7=30(일)로 같습니다.

5 108쪽 3번의 변형 심화 유형
접근 » 분류 기준을 비가 온 날과 오지 않은 날로 바꿔 생각합니다.

비가 오지 않은 날은 맑은 날과 흐린 날이므로 12+11=23(일)입니다.
비 온 날은 7일이므로 비가 오지 않은 날은 비 온 날보다 23-7=16(일) 더 많습니다.

해결 전략
맑은 날과 흐린 날을 모두 비가 오지 않은 날로 분류해요.

6 접근 » 용도에 따라 세 가지로 분류할 수 있습니다.

용도에 따라 분류하고 그 수를 세어 보면 다음과 같습니다.
┌ 접시: ①, ⑤, ⑩ ➡ 3개
│ 컵: ③, ⑧, ⑨ ➡ 3개
└ 냄비: ②, ④, ⑥, ⑦ ➡ 4개

7 접근 » 손잡이의 수를 비교하여 두 가지로 분류합니다.

물건들을 살펴보면 손잡이가 없는 것, 손잡이가 1개인 것, 손잡이가 2개인 것이 있습니다.
이것을 두 가지로 분류하려면 손잡이가 있는 것과 없는 것으로 나누어야 합니다.
손잡이에 따라 분류하고 그 수를 세어 보면 다음과 같습니다.
┌ 손잡이가 있는 것: ②, ④, ⑦, ⑨ ➡ 4개
└ 손잡이가 없는 것: ①, ③, ⑤, ⑥, ⑧, ⑩ ➡ 6개

주의
손잡이의 수에 따라 손잡이가 없는 것, 손잡이가 1개인 것, 손잡이가 2개인 것으로 나누면 세 가지로 분류돼요.

8 111쪽 6번의 변형 심화 유형
접근 » 표의 가로와 세로에 주어진 두 가지 기준을 확인하고 분류합니다.

용도에 따라 분류한 결과를 다시 손잡이에 따라 분류한 다음, 그 수를 셉니다.

해결 전략
용도에 따라 분류한 결과를 다시 손잡이에 따라 분류하거나 손잡이에 따라 분류한 결과를 다시 용도에 따라 분류해요.
둘 중 어떤 기준으로 먼저 분류해도 결과는 같아요.

다른 풀이

컵과 냄비 중 손잡이가 있는 것	②, ④, ⑦, ⑨

컵	⑨ ➡ I개	냄비	②, ④, ⑦ ➡ 3개

컵과 냄비 중 손잡이가 없는 것	③, ⑥, ⑧

컵	③, ⑧ ➡ 2개	냄비	⑥ ➡ I개

9 접근 ≫ 한강을 기준으로 구를 위치에 따라 분류합니다.

서울특별시의 구를 위치에 따라 강남과 강북으로 분류하고 그 수를 셉니다.

- 강남(한강 아래쪽)에 있는 구: 강서구, 양천구, 구로구, 영등포구, 금천구, 동작구, 관악구, 서초구, 강남구, 송파구, 강동구 ➡ II개
- 강북(한강 위쪽)에 있는 구: 은평구, 서대문구, 마포구, 종로구, 중구, 용산구, 도봉구, 강북구, 성북구, 노원구, 중랑구, 동대문구, 성동구, 광진구 ➡ I4개

10 접근 ≫ 음료나 차로 분류할 수 없는 것을 찾아봅니다.

⑩ 양배추는 채소이므로 식품 중 과일/채소로 분류되어야 하는데 음료/차로 잘못 분류되어 있습니다.

채점 기준	배점
상품 분류 중 잘못된 부분을 찾아 ○표 했나요?	2점
잘못 분류된 까닭을 바르게 썼나요?	3점

⚡ HIGH LEVEL

117쪽

1 2장	2 51개, 75개

1 115쪽 8번의 변형 심화 유형
접근 ≫ 분류 조건을 하나씩 차례로 생각합니다.

보충 개념

빨간색이 아닌 것은 파란색인 것을 말하고, 구멍이 I개보다 많은 것은 구멍이 2개인 것을 말해요.

털이 있는 것은 ①, ⑥, ⑧, ⑨, ⑩, ⑪, ⑮, ⑯입니다.
그중 빨간색이 아닌 것은 ①, ⑨, ⑪, ⑯이고, 그중 구멍이 1개보다 많은 것은 ①, ⑯입니다. 따라서 주어진 조건을 모두 만족하는 카드는 2장입니다.

> **지도 가이드**
> 우즐카드를 속성에 따라 분류하는 문제입니다. 16장의 우즐카드는 4가지 속성(모양이 둥근 것과 각진 것, 색이 빨간 것과 파란 것, 구멍이 1개인 것과 2개인 것, 털이 있는 것과 없는 것)으로 분류할 수 있습니다.
> 첫째 기준에 따라 분류한 결과를 다시 둘째 기준에 따라 분류하고, 그 결과를 다시 셋째 기준에 따라 분류하도록 지도해 주세요.

2 접근 » 두 가지 기준이 무엇인지 먼저 생각해 봅니다.

음료를 용기와 내용물, 두 가지 기준에 따라 분류한 표입니다.
각 칸의 분류 기준을 살펴보면 다음과 같습니다.

보충 개념
음료를 용기에 따라 팩, 캔, 페트병에 담긴 것으로 분류하고, 내용물에 따라 탄산음료, 과즙 음료로 분류했어요.

	팩	캔	페트병
탄산음료	팩에 담긴 탄산음료 ➡ 0개	캔에 담긴 탄산음료 ➡ 42개	페트병에 담긴 탄산음료 ➡ 33개
과즙 음료	팩에 담긴 과즙 음료 ➡ 24개	캔에 담긴 과즙 음료 ➡ 9개	페트병에 담긴 과즙 음료 ➡ 15개

➡ 탄산음료
⬇ 캔 음료

따라서 캔 음료는 $42+9=51$(개)이고, 탄산음료는 $42+33=75$(개)입니다.

연필 없이 생각 톡 ❗ 118쪽

6 곱셈

1 2씩 뛰어 세면 2, 4, 6, 8, 10, 12, 14, 16으로 모두 16개입니다.

2 4씩 묶어 세면 4, 8, 12, 16으로 4묶음입니다.

3 (1) 3씩 묶어 세면 3, 6, 9, 12, 15, 18, 21로 7묶음입니다.
   (2) 7씩 묶어 세면 7, 14, 21로 3묶음입니다.
   (3) 밤은 모두 21개입니다.

4 5씩 묶어 세면 5, 10, 15, 20으로 4묶음이고, 4씩 묶어 세면 4, 8, 12, 16, 20으로 5묶음입니다.
   ➡ 나뭇잎은 모두 20장입니다.

5 6씩 뛰어 세는 값은 6씩 커집니다.
   6+6=12, 12+6=18, 18+6=24

6 다른 답
   (예) 5씩 묶어 세면 5, 10, 15이므로 클립은 모두 15개입니다.

1 ▮씩 ▲묶음 ➡ ▮의 ▲배

2 책이 왼쪽에 3권, 오른쪽에 6권 놓여 있습니다.
   6은 3씩 2묶음이므로 3의 2배입니다.

3 똑같은 구슬이 파란 접시에 8개, 빨간 접시에 2개 놓여 있습니다. 8은 2씩 4묶음이므로 2의 4배입니다. 따라서 파란 접시에 놓인 구슬의 무게는 빨간 접시에 놓인 구슬 무게의 4배입니다.

4 ■의 ▲배 ➡ ■+■+ ··· +■=●
   (▲번)

5 윤서의 리본 길이는 3칸이므로 주하의 리본 길이는 3칸의 3배입니다. 3의 3배는 3+3+3=9이므로 주하의 리본 길이를 9칸으로 그립니다.

6 5의 6배 ➡ 5+5+5+5+5+5=30
   따라서 모두 30명이 탈 수 있습니다.

1 7씩 4묶음 ➡ 7의 4배
   ➡ 7+7+7+7=7×4=28

2 4의 3배 ➡ 4+4+4=4×3=12

3 (1) 구슬은 9개이므로 구슬 수의 2배만큼을 수직선에 나타내려면 9씩 2번 뛰어 셉니다.
   (2) 9의 2배 ➡ 9+9=9×2=18

4 6씩 3묶음 ➡ 6의 3배 ➡ 6+6+6=6×3=18

5 ② 3×6=3+3+3+3+3+3
   (6번)

6 1분 동안 2개를 접을 수 있으므로 7분 동안 접을 수 있는 종이배의 수는 2씩 7묶음입니다.
   2씩 7묶음 ➡ 2의 7배
   ➡ 2+2+2+2+2+2+2=2×7=14(개)

◼ MATH TOPIC
128~134쪽

1-1 5씩 7묶음, 7씩 5묶음

1-2 ⑩ 2씩 9묶음, 3씩 6묶음

2-1 5배 　　**2-2** 풀이 참조, 4배

3-1 20개 　　**3-2** 32개

4-1 20개, 10개 　**4-2** 12송이, 8송이

5-1 7개 　**5-2** 18개 　**5-3** 29장

6-1 40개 　**6-2** 18개 　**6-3** 30개

심화유형 **7** 6, 24 / 24

7-1 40개

1-1 과자는 5씩, 7씩 묶으면 빠짐없이 묶을 수 있으므로 5씩 7묶음, 7씩 5묶음으로 나타낼 수 있습니다.

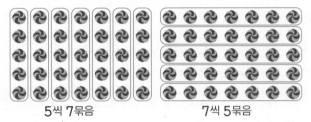

5씩 7묶음 　　　　　　 7씩 5묶음

1-2 사과는 2씩, 3씩, 6씩, 9씩 묶으면 빠짐없이 묶을 수 있으므로 2씩 9묶음, 3씩 6묶음, 6씩 3묶음, 9씩 2묶음 등으로 나타낼 수 있습니다.

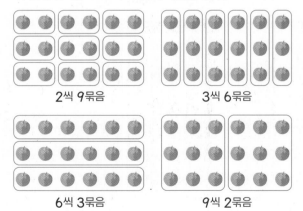

2씩 9묶음 　　　　　　 3씩 6묶음

6씩 3묶음 　　　　　　 9씩 2묶음

2-1

처음 고무줄 ▬▬▬▬

늘인 고무줄 ▬▬▬▬▬▬▬▬

처음 고무줄의 길이: 2칸, 늘인 고무줄의 길이: 10칸

10은 2씩 5묶음이고 10=2+2+2+2+2이므로 2의 5배입니다.

따라서 처음 고무줄의 길이의 5배가 되게 늘였습니다.

2-2

처음 고무줄 ▬▬▬▬

늘인 고무줄 ▬▬▬▬▬▬▬▬▬▬▬▬

처음 고무줄의 길이: 3칸, 늘인 고무줄의 길이: 12칸

12는 3씩 4묶음이고 12=3+3+3+3이므로 3의 4배입니다.

따라서 처음 고무줄의 길이의 4배가 되게 늘였습니다.

3-1 원 모양은 5씩 4묶음이므로
$5+5+5+5=5×4=20$(개)입니다.

> **다른 풀이**
>
> 원 모양은 4씩 5묶음이므로
> $4+4+4+4+4=4×5=20$(개)입니다.

3-2 별 모양은 8씩 4묶음이므로
$8+8+8+8=8×4=32$(개)입니다.

> **다른 풀이**
>
> 별 모양은 4씩 8묶음이므로
> $4+4+4+4+4+4+4+4=4×8=32$(개)입니다.

4-1 ㄷ 모양 ➡ 4씩 5묶음 ➡ 4의 5배
➡ $4+4+4+4+4=4×5=20$(개)
人 모양 ➡ 2씩 5묶음 ➡ 2의 5배
➡ $2+2+2+2+2=2×5=10$(개)

4-2 장미 ➡ 3씩 4묶음 ➡ 3의 4배
➡ $3+3+3+3=3×4=12$(송이)
튤립 ➡ 2씩 4묶음 ➡ 2의 4배
➡ $2+2+2+2=2×4=8$(송이)

5-1 (가지고 있던 젤리의 수)
$=8+8+8+8=8×4=32$(개)
(나누어 준 젤리의 수)
$=5+5+5+5+5=5×5=25$(개)
➡ (남은 젤리의 수)
$=$(가지고 있던 젤리의 수)$-$(나누어 준 젤리의 수)
$=32-25=7$(개)

5-2 (처음에 있던 복숭아의 수)
$=6+6+6+6+6+6+6=6×7=42$(개)
(판 복숭아의 수)
$=4+4+4+4+4+4=4×6=24$(개)
➡ (남은 복숭아의 수)
$=$(처음에 있던 복숭아의 수)$-$(판 복숭아의 수)
$=42-24=18$(개)

5-3 (처음에 있던 색종이의 수)
$=10+10+10+10+10=10\times5=50$(장)
(사용한 색종이의 수)$=7+7+7=7\times3=21$(장)
➡ (남은 색종이의 수)
$=$(처음에 있던 색종이의 수)
$-$(사용한 색종이의 수)
$=50-21=29$(장)

6-1 (한 상자에 들어 있는 지우개의 수)
$=4+4=4\times2=8$(개)
(5상자에 들어 있는 지우개의 수)
$=8+8+8+8+8=8\times5=40$(개)

6-2 (한 상자에 들어 있는 키위의 수)
$=2+2+2=2\times3=6$(개)

(키위 한 묶음의 수)$=$(3상자에 들어 있는 키위의 수)
$=6+6+6=6\times3=18$(개)

6-3 (한 상자에 들어 있는 호빵의 수)
$=5+5=5\times2=10$(개)
(3상자에 들어 있는 호빵의 수)
$=10+10+10=10\times3=30$(개)

7-1 흰머리수리는 한 발에 발톱이 4개씩 있고 발이 2개이므로 한 마리의 발톱 수는 $4+4=4\times2=8$(개)입니다. 흰머리수리 한 마리의 발톱 수가 8개이므로 5마리의 발톱 수는
$8+8+8+8+8=8\times5=40$(개)입니다.

LEVEL UP TEST

135~140쪽

1 예 , $5\times4=20$

2 8. 16 / 4. 16 / 2. 16

3 ㉡, ㉠, ㉣, ㉢

4 28개 **5** 4배 **6** 63개 **7** 19개

8 20년 **9** 3명 **10** 3. 3. 9 **11** 12개

12 17개 **13** 18 **14** 예 8. 6. 48 **15** 9개

1
접근 ≫ ▥씩 ▲줄 ➡ ▥의 ▲배

사각형 안에 점이 한 줄에 5개씩 4줄 들어가도록 그립니다. 5씩 4줄은 5의 4배이므로 5×4입니다. $5+5+5+5=20$이므로 곱셈식으로 나타내면 $5\times4=20$이 됩니다.

보충 개념
보기 에서 3씩 2줄은 3의 2배이므로 곱셈식으로 나타내면 $3\times2=6$이 돼요.

2
128쪽 1번의 변형 심화 유형
접근 ≫ 몇씩 묶어 세어야 빠짐없이 묶을 수 있는지 알아봅니다.

도토리를 2씩, 4씩, 8씩 묶으면 빠짐없이 묶을 수 있습니다.
• 2씩 묶어 세면 2, 4, 6, 8, 10, 12, 14, 16으로 8묶음입니다.
➡ 2씩 8묶음 ➡ $2\times8=16$
• 4씩 묶어 세면 4, 8, 12, 16으로 4묶음입니다. ➡ 4씩 4묶음 ➡ $4\times4=16$
• 8씩 묶어 세면 8, 16으로 2묶음입니다. ➡ 8씩 2묶음 ➡ $8\times2=16$
따라서 나타낼 수 있는 곱셈식은 $2\times8=16$, $4\times4=16$, $8\times2=16$입니다.

주의
16개를 3씩 묶어 세면 5묶음이 되고 1개가 남아요.

보충 개념
곱하는 두 수의 순서를 바꾸어 곱해도 곱은 같아요.
$2\times8=16$
$8\times2=16$

3 접근 》 ■씩 ▲묶음=■+ ⋯ +■=■의 ▲배=■×▲
　　　　　　　　　　 └─▲개─┘

㉠ 4씩 7묶음 ➡ 4+4+4+4+4+4+4=4×7=28 ┐
㉡ 5+5+5+5+5+5=5×6=30
㉢ 8의 3배 ➡ 8+8+8=8×3=24
㉣ 3×9=27

　　　　　　　　　　　30>28>27>24

따라서 나타내는 수가 큰 것부터 차례로 기호를 쓰면 ㉡, ㉠, ㉣, ㉢입니다.

---

4 접근 》 모양 1개를 만드는 데 필요한 수수깡의 개수를 먼저 세어 봅니다.

예 주어진 모양 1개를 만드는 데 필요한 수수깡은 7개입니다.
따라서 주어진 모양을 4개 만들려면 수수깡이 모두 7+7+7+7=7×4=28(개) 필요합니다.

채점 기준	배점
모양 1개를 만드는 데 필요한 수수깡의 수를 구했나요?	2점
모양 4개를 만드는 데 필요한 수수깡의 수를 구했나요?	3점

---

5 접근 》 ■의 ▲배 ➡ ■씩 ▲묶음

㉠ 6의 3배 ➡ 6씩 3묶음, ㉡ 6의 7배 ➡ 6씩 7묶음이므로
㉡은 ㉠보다 (6씩 7묶음)−(6씩 3묶음)=(6씩 4묶음)만큼 더 큽니다.
따라서 ㉠과 ㉡의 차는 6씩 4묶음과 같으므로 6의 4배와 같습니다.

해결 전략
㉠과 ㉡이 각각 6씩 몇 묶음인지를 생각하여 묶음의 수끼리 비교해요.

> **지도 가이드**
> ㉠과 ㉡을 각각 6씩 몇 묶음으로 생각하고 묶음의 수를 비교하여 해결하는 문제입니다. ㉠과 ㉡의 값을 각각 구해서 차를 구한 다음 그 결과가 6의 몇 배인지를 찾을 수도 있지만 묶음의 수를 비교하여 풀 때 곱셈의 개념을 더 잘 이해할 수 있으며 중등에서 다루는 곱셈의 분배법칙도 접해 볼 수 있습니다.

---

6 133쪽 6번의 변형 심화 유형
접근 》 먼저 선호가 가지고 있는 구슬 수를 구합니다.

선호가 가지고 있는 구슬 수: 3개의 3배 ➡ 3+3+3=3×3=9(개)
연아가 가지고 있는 구슬 수: 9개의 7배 ➡ 9+9+9+9+9+9+9=9×7=63(개)

132쪽 5번의 변형 심화 유형

7 접근 》 바위를 냈을 때 펼친 손가락은 없으므로 가위와 보를 낸 사람의 펼친 손가락의 수를 각각 구합니다.

바위를 냈을 때 펼친 손가락은 없습니다.
가위를 냈을 때 펼친 손가락은 2개이고 가위를 낸 사람은 2명이므로 펼친 손가락의 수는 2씩 2묶음 ➡ 2의 2배 ➡ 2+2=2×2=4(개)입니다.

보충 개념
(가위를 냈을 때 펼친 손가락의 수)
＝2×(가위를 낸 사람 수)
(보를 냈을 때 펼친 손가락의 수)
＝5×(보를 낸 사람 수)

보를 냈을 때 펼친 손가락은 5개이고 보를 낸 사람은 3명이므로 펼친 손가락의 수는
5씩 3묶음 ➡ 5의 3배 ➡ 5+5+5=5×3=15(개)입니다.
따라서 펼친 손가락은 모두 4+15=19(개)입니다.

8 132쪽 5번의 변형 심화 유형
접근 ≫ 묶어 센 수에 남은 수만큼을 더해야 전체가 됩니다.

3씩 6번 ➡ 3의 6배 ➡ 3+3+3+3+3+3=3×6=18
나이테를 3개씩 6번 세고 2개가 남았으므로 나이테는 모두 18+2=20(개)입니다.
따라서 나이테가 20개이므로 20년 된 나무입니다.

보충 개념
3씩 6번 세고 2개가 남았다는 것은 3의 6배보다 2개가 더 많다는 뜻이에요.

9 132쪽 5번의 변형 심화 유형
접근 ≫ 사진을 앉아서 찍을 수 있는 학생 수를 먼저 구합니다.

9명씩 3개의 긴 의자에 앉으므로 앉아서 사진을 찍을 수 있는 학생은
9+9+9=9×3=27(명)입니다.
모두 30명이 있으므로 서서 사진을 찍어야 하는 학생은 30-27=3(명)입니다.

10 접근 ≫ 숟가락 하나당 포크를 몇 가지씩 고를 수 있는지 생각합니다.

숟가락 하나당 포크를 3가지씩 고를 수 있습니다. 따라서 숟가락이 3개일 때 숟가락과 포크를 하나씩 고를 수 있는 방법의 가짓수는 3의 3배 ➡ 3+3+3=3×3=9(가지)가 됩니다.

> **지도 가이드**
> 숟가락 하나당 포크 하나를 짝지어 모두 몇 가지의 경우가 되는지 따져 주세요.
> 숟가락과 포크를 하나씩 짝지어 연결한 선의 수를 세는 방법도 있습니다.

서술형
11 133쪽 6번의 변형 심화 유형
접근 ≫ 먼저 한 상자에 들어 있는 초콜릿의 수를 구합니다.

⑩ 한 상자에 들어 있는 초콜릿의 수는 3개씩 2줄이므로 3+3=3×2=6(개)입니다.
9상자에 들어 있는 초콜릿은 7상자에 들어 있는 초콜릿보다 9-7=2(상자)만큼 더 많습니다. 따라서 한 상자에 6개씩 2상자에 들어 있는 초콜릿은
6+6=6×2=12(개)이므로 12개 더 많습니다.

해결 전략
상자 수의 차를 이용하여 초콜릿 수의 차를 구해요.

채점 기준	배점
한 상자에 들어 있는 초콜릿의 수를 구했나요?	2점
9상자에 들어 있는 초콜릿이 7상자에 들어 있는 초콜릿보다 몇 개 더 많은지 구했나요?	3점

12
132쪽 5번의 변형 심화 유형

접근 ≫ 클로버 하나를 한 묶음으로 생각합니다.

세잎클로버 하나의 잎의 수가 3개이므로 세잎클로버 3개의 잎의 수는

3씩 3묶음 ➡ 3의 3배 ➡ $3+3+3=3\times3=9$(개)입니다.

네잎클로버 하나의 잎의 수가 4개이므로 네잎클로버 2개의 잎의 수는

4씩 2묶음 ➡ 4의 2배 ➡ $4+4=4\times2=8$(개)입니다.

따라서 찾은 클로버에 있는 잎은 모두 $9+8=17$(개)입니다.

보충 개념

(세잎클로버의 잎의 수)
$=3\times$(세잎클로버의 개수)
(네잎클로버의 잎의 수)
$=4\times$(네잎클로버의 개수)

13
접근 ≫ ■의 값을 먼저 구합니다.

30은 5의 ■배 ➡ 5의 ■배는 $5\times$■이므로 5를 ■번 더하여 30이 되어야 합니다.

$\underset{6번}{5+5+5+5+5+5}=30$이므로 30은 5의 6배입니다. ➡ ■=6

■가 6이므로 6의 3배는 $6+6+6=6\times3=18$입니다. ➡ ★=18

보충 개념

$\underset{6번}{5,\ 10,\ 15,\ 20,\ 25,\ 30}$

➡ 30은 5씩 6묶음

➡ 30은 5의 6배

14
접근 ≫ 큰 수를 곱할수록 계산 결과가 커집니다.

수의 크기를 비교하면 $8>6>5>3>1$이므로 곱셈의 결과가 가장 크게 되려면

가장 큰 수 8과 둘째로 큰 수 6을 곱해야 합니다.

➡ $8\times6=8+8+8+8+8+8=48$(또는 $6\times8=6+6+6+6+6+6+6+6=48$)

15
접근 ≫ 놓인 바둑돌의 개수를 먼저 구합니다.

바둑돌이 6개씩 6줄로 놓여 있으므로 모두 $6+6+6+6+6+6=6\times6=36$(개)입니다. 36개의 바둑돌을 한 줄에 ☐개씩 4줄로 놓으면 $☐\times4=☐+☐+☐+☐=36$이 됩니다. $9+9+9+9=36$이므로 바둑돌을 똑같은 개수씩 4줄로 놓으려면 한 줄에 9개씩 놓아야 합니다.

보충 개념

☐ 안에 수를 넣어 더해 보면 어떤 수를 4번 더한 수가 36이 되는 경우를 찾을 수 있어요.

$1+1+1+1=4$
$2+2+2+2=8$
$3+3+3+3=12$
⋮
$9+9+9+9=36$

> **지도 가이드**
>
> $6\times6=☐\times4$에서 ☐의 값을 구하는 것과 같습니다.
> 먼저 6×6의 값을 구한 다음 4번 더해서 36이 되는 수를 찾도록 지도해 주세요.

◆◆◆ HIGH LEVEL

1 28 cm, 40 cm   **2** 4

1 접근 》 4를 여러 번 더하여 나올 수 있는 수를 찾아봅니다.

4cm짜리 막대 여러 개를 겹치지 않게 이어 붙여 만들 수 있는 길이를 구해 봅니다.

4cm짜리 막대 2개: $4+4=4\times2=8$(cm),

4cm짜리 막대 3개: $4+4+4=4\times3=12$(cm), ...,

4cm짜리 막대 7개: $4+4+4+4+4+4+4=4\times7=28$(cm), ...,

4cm짜리 막대 10개: $4+4+4+4+4+4+4+4+4+4=4\times10=40$(cm)

따라서 주어진 길이 중 4cm짜리 막대를 겹치지 않게 이어 붙여 만들 수 있는 길이는 28cm, 40cm입니다.

다른 풀이

주어진 수들을 4를 여러 번 더한 수로 나타내 봅니다.

$10=4+4+2$

$18=4+4+4+4+2$

$28=4+4+4+4+4+4+4=4\times7$ ➡ 4cm짜리 막대 7개

$34=4+4+4+4+4+4+4+4+2$

$40=4+4+4+4+4+4+4+4+4+4=4\times10$ ➡ 4cm짜리 막대 10개

따라서 주어진 길이 중 4cm짜리 막대를 겹치지 않게 이어 붙여 만들 수 있는 길이는 28cm, 40cm입니다.

해결 전략

4cm짜리 막대 □개를 겹치지 않게 이어 붙여 만들 수 있는 길이는 ($4\times$□)cm예요.

2 136쪽 5번의 변형 심화 유형
접근 》 ■를 55번 더한 수 ➡ ■씩 55묶음

■를 55번 더한 수 ➡ ■씩 55묶음

■를 52번 더한 수 ➡ ■씩 52묶음이므로

두 수의 차는 (■씩 $\underbrace{55-52}_{3}$묶음)과 같습니다.

두 수의 차가 12이므로 ■씩 3묶음은 12입니다.

■씩 3묶음 ➡ ■$\times3=\underbrace{■+■+■}_{3번}=12$ ➡ $4+4+4=12$이므로 ■$=4$입니다.

연필 없이 생각 톡 ⚠   142쪽

교내 경시 **1단원** 세 자리 수

01 ③	02 35, 430	03 50	04 13	05 ⓛ	06 284
07 동화책	08 253점	09 930	10 76개	11 709	12 778명
13 795, 457	14 852	15 357	16 310원, 121원	17 ㉠	18 3개
19 915	20 559, 562				

1

접근 》 (■보다 ●만큼 더 큰 수)=(■에서 ●만큼 뛰어 센 수)

① 100은 10이 10개인 수입니다. (○)

② 100이 7개인 수는 700입니다. (○)

③ 100은 85보다 25만큼 더 큰 수입니다. (×)

➡ 85보다 25만큼 더 큰 수는 85에서 10씩 두 번 뛰어 센 수보다 5만큼 더 큰 수입니다. 85에서 10씩 두 번 뛰어 세면 85-95-105이고 105보다 5만큼 더 큰 수는 110입니다.

④ 997에서 1씩 세 번 뛰어 센 수는 997-998-999-1000이므로 997보다 3만큼 더 큰 수는 1000입니다. (○)

⑤ 10이 10개인 수는 100이므로 10이 30개인 수는 300입니다. (○)

2

접근 》 각 수에서 3의 자릿값을 생각합니다.

932에서 3은 십의 자리 숫자이므로 30을 나타냅니다.
각 수에서 숫자 3이 나타내는 수를 알아보면 다음과 같습니다.
3̲18 ➡ 300, 3̲5 ➡ 30, 43̲0 ➡ 30, 73̲ ➡ 3, 203̲ ➡ 3
따라서 932와 같이 숫자 3이 30을 나타내는 수는 35와 430입니다.

다른 풀이

932에서 3은 십의 자리 숫자이므로 30을 나타냅니다.
따라서 숫자 3이 십의 자리에 있는 수를 고르면 35와 430입니다.

보충 개념
같은 숫자라도 자리에 따라 나타내는 수가 달라져요.

주의
두 자리 수 35의 3은 십의 자리 숫자이고, 73의 3은 일의 자리 숫자예요. 자릿값을 착각하지 않도록 주의해요.

3

접근 》 어느 자리의 숫자가 몇씩 늘어나거나 줄어드는지 알아봅니다.

일의 자리 숫자는 3으로 변하지 않으므로 십의 자리 숫자와 백의 자리 숫자가 어떻게 변하는지 알아봅니다. 일의 자리 숫자를 지우고 생각하면 24-29-34-39-44로 5씩 커지므로 50씩 뛰어서 센 것입니다.

지도 가이드

각 자리 숫자가 몇씩 커지거나 작아졌는지를 확인하여 몇씩 뛰어 셌는지 찾는 연습이 필요합니다.

4 접근 ≫ 100은 10이 10개인 수로 바꿀 수 있습니다.

643은 100이 6개, 10이 4개, 1이 3개인 수입니다. 100은 10이 10개이므로 643을 100이 5개, 10이 14개, 1이 3개인 수로 나타낼 수 있습니다. 10은 1이 10개이므로 643을 100이 5개, 10이 13개, 1이 13개인 수로 나타낼 수 있습니다.

$$643 \begin{cases} 100\text{이 } 6\text{개} \\ 10\text{이 } 4\text{개} \\ 1\text{이 } 3\text{개} \end{cases} \Rightarrow 643 \begin{cases} 100\text{이 } 5\text{개} \\ 10\text{이 } 14\text{개} \\ 1\text{이 } 3\text{개} \end{cases} \Rightarrow 643 \begin{cases} 100\text{이 } 5\text{개} \\ 10\text{이 } 13\text{개} \\ 1\text{이 } 13\text{개} \end{cases}$$

다른 풀이

100이 5개인 수는 500이고 1이 13개인 수는 13입니다. 643은 513보다 130만큼 더 큰 수이므로 130은 10이 몇 개인 수인지 구하면 됩니다. 100은 10이 10개인 수이므로 130은 10이 13개인 수입니다.

> **보충 개념**
> 100이 6개인 수
> ➡ 100이 5개, 10이 10개인 수
> 10이 14개인 수
> ➡ 10이 13개, 1이 10개인 수

5 접근 ≫ 자릿값을 이용하여 세 자리 수로 나타냅니다.

㉠ 100이 7개, 10이 2개, 1이 3개인 수 ➡ 700+20+3=723
㉡ 10이 70개, 1이 230개인 수 ➡ 700+230=930
㉢ 100이 6개, <u>10이 12개</u>, 1이 3개인 수 ➡ 600+120+3=723
따라서 나타내는 수가 다른 것은 ㉡입니다.

> **해결 전략**
> 각 자릿값의 합을 생각하여 세 자리 수를 구해요.
>
> **보충 개념**
> 10이 10개 ➡ 100
> 10이 2개 ➡ 20 }120

지도 가이드

10이 10개인 수가 100이라는 것을 알아도 10이 10개보다 많이 있는 상황은 쉽게 이해하기 어렵습니다. 처음에는 십 모형을 10개 이상 그려 놓고 그중 십 모형 10개로 100을 만들어 보며 수의 크기를 인지할 수 있도록 도와주세요.

6 접근 ≫ 먼저 몇씩 뛰어 세었는지 알아봅니다.

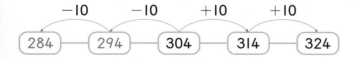

십의 자리 숫자가 1씩 커지므로 10씩 뛰어 센 것입니다.
따라서 ㉠에 들어갈 수는 304에서 10씩 거꾸로 두 번 뛰어 센 304−294−284입니다.

> **주의**
> 수가 10씩 커지는 규칙이지만 ㉠에 들어갈 수를 구하기 위해서는 10씩 작아지는 수를 알아보아야 해요.

7 접근 ≫ 백의 자리 숫자부터 차례대로 비교합니다.

192와 157은 백의 자리 숫자가 같으므로 십의 자리 숫자를 비교하면 192>157입니다. 따라서 192권인 동화책이 더 많습니다.
9>5

8 접근 ≫ 점수별로 화살이 각각 몇 개 꽂혔는지 알아봅니다.

화살이 100점짜리에 2개, 10점짜리에 5개, 1점짜리에 3개 꽂혔습니다.
100이 2개, 10이 5개, 1이 3개인 수는 253이므로 점수의 합은 253점입니다.

해결 전략
100점, 10점, 1점짜리 과녁을 각각 자릿값으로 생각하여 꽂힌 화살의 수에 따라 나타내는 값의 합을 구해요.

9 접근 ≫ 백의 자리와 십의 자리에 주어진 숫자를 써놓고 생각합니다.

백의 자리 숫자가 9, 십의 자리 숫자가 3인 세 자리 수는 93□로 나타낼 수 있습니다.
일의 자리에는 0부터 9까지의 숫자가 들어갈 수 있으므로 일의 자리에 가장 작은 수 0을 넣으면 가장 작은 수는 930이 됩니다.

10 접근 ≫ 먼저 동전은 모두 얼마인지 구합니다.

문제 분석

┌─100원짜리 동전 3개, 10원짜리 동전 5개
100원짜리 동전 4개, 10원짜리 동전 35개, 1원짜리 동전 10개가 있습니다. 모두 10원짜리 동전으로 바꾸면 몇 개일까요?
└─10원짜리 동전 1개

해결 전략
10이 35개
➡ 10이 30개, 10이 5개
➡ 100이 3개, 10이 5개

❶ 동전은 모두 얼마인지 구합니다.
10원짜리 동전 35개는 100원짜리 동전 3개, 10원짜리 동전 5개와 같습니다. 1원짜리 동전 10개는 10원짜리 동전 1개와 같습니다.
동전의 합을 구하면 100원짜리 동전 4+3=7(개), 10원짜리 동전 5+1=6(개)인 수와 같으므로 760원입니다.
❷ 모두 10원짜리 동전으로 바꾸면 몇 개인지 구합니다.
760은 10이 76개인 수이므로 760원을 모두 10원짜리 동전으로 바꾸면 76개입니다.

11 접근 ≫ 십의 자리 숫자와 일의 자리 숫자가 각각 1씩 커져야 합니다.

11씩 뛰어 세면 십의 자리 숫자도 1씩 커지고, 일의 자리 숫자도 1씩 커집니다. 따라서 643에서 11씩 6번 뛰어 세면 643-654-665-676-687-698-709입니다.

다른 풀이
11씩 6번 뛰어 세는 것은 10씩 6번 뛰어 센 다음 1씩 6번 더 뛰어 세는 것과 같습니다.
643에서 10씩 6번 뛰어 세면 643-653-663-673-683-693-703이고, 703에서 1씩 6번 뛰어 세면 703-704-705-706-707-708-709입니다.

12 접근 ≫ (■보다 ●만큼 더 작은 수)=(■에서 ●만큼 거꾸로 뛰어 센 수)

일반실의 좌석이 30석 비어 있으므로 일반실의 탑승객 수는 일반실의 좌석 수보다 30만큼 더 작은 수입니다. 따라서 일반실의 탑승객 수는 808에서 10씩 거꾸로 3번 뛰어

센 808-798-788-778입니다. ➡ 778명

13 접근 ≫ 백의 자리 숫자부터 차례대로 비교합니다.

백의 자리 숫자를 비교하면 7>4이므로 745, 795가 459, 457보다 큽니다.
745와 795의 십의 자리 숫자를 비교하면 4<9로 795가 가장 큰 수입니다.
459와 457은 십의 자리 숫자도 같으므로 일의 자리 숫자를 비교하면 9>7로 457이 가장 작은 수입니다. 따라서 가장 큰 수는 795, 가장 작은 수는 457입니다.

해결 전략
네 수의 백의 자리 숫자를 비교하여 백의 자리 숫자가 같은 두 수씩 나눈 다음 가장 큰 수와 가장 작은 수를 찾아요.

14 접근 ≫ 먼저 가장 큰 세 자리 수를 만듭니다.

수의 크기를 비교하면 8>5>4>2이므로 만들 수 있는 가장 큰 세 자리 수는 854입니다. 만들 수 있는 둘째로 큰 세 자리 수는 백의 자리 숫자와 십의 자리 숫자는 그대로 두고 일의 자리에 넷째로 큰 수 2를 놓아 만든 852입니다.

해결 전략
가장 작은 수를 제외한 세 수로 가장 큰 세 자리 수를 만든 다음 일의 자리 숫자를 가장 작은 수로 바꾸면 둘째로 큰 세 자리 수가 돼요.

15 접근 ≫ 주어진 두 수를 이용하여 눈금 한 칸의 크기를 먼저 구합니다.

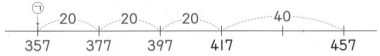

417에서 눈금 두 칸만큼 뛰어 센 수가 457입니다. 457은 417보다 40만큼 더 큰 수이므로 눈금 두 칸의 크기는 40이고, 눈금 한 칸의 크기는 20이라는 것을 알 수 있습니다.
㉠이 나타내는 수는 417에서 20씩 거꾸로 3번 뛰어 센 수이므로
417-397-377-357입니다.

보충 개념
몇씩 두 번 뛰어 세어야 40만큼이 되는지를 찾아야 해요.
20-40이므로 눈금 한 칸의 크기는 20이 돼요.

16 접근 ≫ 어떤 동전을 우선으로 골라야 하는지 생각합니다.

가장 큰 금액을 만들려면 100원짜리, 10원짜리, 1원짜리 순서로 골라야 합니다.
➡ 100원짜리 3개, 10원짜리 1개 ➡ 310원
가장 작은 금액을 만들려면 1원짜리, 10원짜리, 100원짜리 순서로 골라야 합니다.
➡ 1원짜리 1개, 10원짜리 2개, 100원짜리 1개 ➡ 121원
따라서 만들 수 있는 가장 큰 금액은 310원, 가장 작은 금액은 121원입니다.

해결 전략
가장 큰 금액을 만들려면 큰 액수의 동전이 가능한 많이 포함되어야 하고, 가장 작은 금액을 만들려면 작은 액수의 동전이 가능한 많이 포함되어야 해요.

17 접근» 정해진 숫자를 놓은 다음 조건에 맞는 수를 생각합니다.

㉠ 백의 자리에 숫자 1을 놓고 십의 자리와 일의 자리에 각각 가장 큰 수 9를 놓습니다.
➡ 199
㉡ 십의 자리에 숫자 8을 놓고, 백의 자리와 일의 자리에 각각 가장 작은 수 0을 놓으면 되는데 백의 자리에는 0이 올 수 없으므로 1을 놓습니다. ➡ 180
㉢ 일의 자리에 숫자 9를 놓고, 백의 자리와 십의 자리에 각각 가장 작은 수 0을 놓으면 되는데 백의 자리에는 0이 올 수 없으므로 1을 놓습니다. ➡ 109
199, 180, 109의 백의 자리 숫자는 모두 같으므로 십의 자리 숫자를 비교하면
9>8>0으로 199>180>109입니다. 따라서 가장 큰 수는 ㉠입니다.

보충 개념
세 자리 수의 백의 자리에는 1부터 9까지의 수가 들어갈 수 있고, 십의 자리와 일의 자리에는 0부터 9까지의 수가 들어갈 수 있어요.

18 접근» 백의 자리 숫자부터 차례대로 비교합니다.

백의 자리 숫자가 같으므로 십의 자리 숫자를 비교하여 3☐3>365가 되려면 ☐>6 이어야 합니다. ➡ ☐ 안에 들어갈 수 있는 수는 7, 8, 9입니다.
☐ 안에 6도 들어갈 수 있는지 확인합니다. ☐ 안에 6을 넣으면 363<365가 되므로 ☐ 안에 6은 들어갈 수 없습니다.
따라서 ☐ 안에 들어갈 수 있는 수는 7, 8, 9로 모두 3개입니다.

주의
백의 자리 숫자끼리 같은 경우에 십의 자리 숫자가 서로 같은 경우도 반드시 따져 보아야 해요.

서술형 19 접근» 어떤 수를 먼저 구합니다.

예 어떤 수보다 50만큼 더 작은 수가 765이므로 어떤 수는 765보다 50만큼 더 큰 수입니다. 즉, 어떤 수는 765에서 10씩 5번 뛰어 센 765-775-785-795-805-815입니다. 따라서 어떤 수 815보다 100만큼 더 큰 수는 915입니다.

보충 개념

채점 기준	배점
어떤 수를 구했나요?	3점
어떤 수보다 100만큼 더 큰 수를 구했나요?	2점

주의
어떤 수를 답으로 쓰지 않도록
주의해요.

서술형 20 접근 » 주어진 범위의 수들을 먼저 찾습니다.

⑩ 557보다 크고 565보다 작은 세 자리 수는 558, 559, 560, 561, 562, 563, 564입니다. 이 중에서 십의 자리 수와 일의 자리 수의 차가 4인 수는 559, 562입니다.

> **지도 가이드**
> 조건에 맞는 수를 찾는 문제입니다. 주어진 조건을 제대로 이해하고 조건에 맞게 수의 범위를 좁혀가도록 지도해 주세요.

채점 기준	배점
557보다 크고 565보다 작은 세 자리 수를 찾았나요?	2점
이 중 십의 자리 수와 일의 자리 수의 차가 4인 수를 모두 찾았나요?	3점

보충 개념
5와 9의 차는 9－5＝4이고, 6과 2의 차도 6－2＝4예요.

해결 전략
주어진 범위의 수들을 찾은 다음 십의 자리 수와 일의 자리 수를 비교하여 4만큼 차이나는 수를 골라요.

교내 경시 2단원 여러 가지 도형

01 2개 **02** 7개 **03** 2개 **04** ㉠, ㉡ **05** ⑩ **06** 삼각형, 6개

07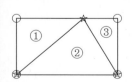

08 ⑩

09 4개 **10** ㉢

11 4개 **12** ㉢

13 ⑩ ① ② ③ ④ ⑤ ⑥

14 ㉡ **15** 삼각형, 4개 **16** 사각형 **17** 3개

18 9개 **19** 11개 **20** ㉡

---

1 접근 » 사각형과 삼각형의 꼭짓점을 각각 찾습니다.

전체 사각형의 꼭짓점은 ○ 표시한 곳이고, ②번 삼각형의 꼭짓점은 ☆ 표시한 곳입니다.

○ 표시와 ☆ 표시가 둘 다 있는 곳은 두 군데이므로 전체 사각형의 꼭짓점도 되고 ②번 삼각형의 꼭짓점도 되는 점은 2개입니다.

보충 개념
사각형의 꼭짓점은 4개이고, 삼각형의 꼭짓점은 3개예요.

2 접근 ≫ 각각 꼭짓점이 몇 개인지 세어 봅니다.

사각형의 꼭짓점은 4개, 원의 꼭짓점은 0개, 삼각형의 꼭짓점은 3개입니다.

➡ 4＋0＋3＝7(개)

3 접근 ≫ 어떤 도형을 몇 개 사용했는지 세어 봅니다.

사용한 도형은 삼각형 1개, 사각형 5개, 원 7개입니다. 가장 많이 사용한 도형은 원으로 7개이고 둘째로 많이 사용한 도형은 사각형으로 5개입니다.

➡ 7－5＝2(개)

4 접근 ≫ 점선을 따라 자를 때 조각들이 굽은 선으로 둘러싸이는지 또는 곧은 선 몇 개로 둘러싸이는지 살펴봅니다.

점선 부분을 잘라서 생긴 도형은 곧은 선 3개로 둘러싸인 삼각형이 4개, 곧은 선 4개로 둘러싸인 사각형이 3개입니다.
따라서 자를 때 생기는 도형은 삼각형과 사각형입니다.

5 접근 ≫ 이웃하지 않은 꼭짓점끼리 곧은 선을 그려 봅니다.

사각형의 꼭짓점에서 이웃하지 않은 꼭짓점끼리 곧은 선을 모두 그리면 삼각형 4개로 나누어집니다. 만들어진 삼각형 중 마주 보는 삼각형 2개가 삼각형 4개가 되도록 곧은 선을 그리면 삼각형이 모두 6개가 됩니다.

> **지도 가이드**
> 선분으로 둘러싸인 도형에서 이웃하지 않은 두 꼭짓점을 이은 선분을 대각선이라고 합니다(4학년 2학기). 2학년 1학기 교과 과정에서는 대각선이라는 용어는 쓰지 않지만 꼭짓점과 꼭짓점을 곧은 선으로 연결하여 도형을 나누어 보는 활동을 합니다.

6 접근 ≫ 접었다가 펼쳤을 때 접힌 선의 모양을 생각합니다.

색종이를 1번, 2번, 3번 접었다가 펼쳤을 때 접힌 선을 각각 그려 보면 다음과 같습니다.

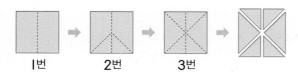

따라서 접힌 선을 따라 자르면 삼각형이 6개 만들어집니다.

> **지도 가이드**
>
> 저학년 학생에게는 접은 모양을 상상하는 것이 쉽지 않습니다. 어려워하는 경우에는 직접 색종이를 접었다가 펼친 후 점선을 따라 잘라보도록 해 주세요.

7 접근 ≫ 두 모양을 비교하여 서로 다른 부분을 찾습니다.

왼쪽 모양에는 ⓛ 쌓기나무 앞과 위에 각각 쌓기나무가 하나씩 있지만 오른쪽 모양에는 같은 자리에 쌓기나무가 없습니다. 따라서 왼쪽 모양에서 ⓛ 쌓기나무의 앞과 위에 있는 쌓기나무를 각각 1개씩 빼내야 합니다.

주의

가려져서 보이지 않는 쌓기나무도 생각해야 해요. 왼쪽 모양의 ⓛ 자리에도 쌓기나무가 있어요.

8 접근 ≫ 도형의 안쪽에 있는 점들의 개수를 먼저 생각합니다.

변이 4개인 도형은 사각형입니다. 사각형의 안쪽에 점이 6개 있도록 사각형을 그립니다.

다른 답

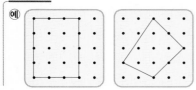

해결 전략

6개의 점이 어떻게 놓여 있는지를 먼저 생각한 다음, 점들을 둘러싸는 4개의 변을 그려요.

주의

안쪽에 있는 점의 개수만 생각하여 사각형이 아닌 도형을 그리지 않도록 주의해요.

틀린 예

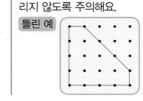

9 접근 ≫ 3개의 점을 골라 곧은 선으로 잇습니다.

4개의 점 중 3개의 점을 골라 삼각형을 그리는 방법은 다음과 같습니다.

따라서 4개의 점 중 3개의 점을 이어 만들 수 있는 삼각형은 모두 4개입니다.

> **지도 가이드**
>
> 점을 차례대로 한 개씩 손으로 가리고 가리지 않은 3개의 점을 고르도록 도와주세요.

해결 전략

삼각형을 그릴 때 4개의 점 중 3개의 점만 필요하므로 점 하나가 남는 서로 다른 경우를 모두 따져주면 돼요.

10 접근 ≫ 쌓기나무의 개수를 층별로 세어 봅니다.

주어진 조건에 맞는 모양을 찾아봅니다.
- 가장 높은 층은 2층입니다. ➡ ㉠, ㉢
- 1층에 4개를 쌓았습니다. ➡ ㉡, ㉢
- 쌓기나무 6개로 만들었습니다. ➡ ㉠, ㉡, ㉢

따라서 쌓은 모양은 ㉢입니다.

주의
보이지 않는 쌓기나무도 빼놓지 않고 세도록 해요.

11 접근 ≫ 작은 삼각형 조각 몇 개로 나눌 수 있는지 알아봅니다.

칠교판에서 가장 큰 삼각형(① 또는 ②) 한 개는 가장 작은 삼각형(③ 또는 ⑤) 4개로 나뉩니다.
따라서 가장 큰 삼각형 조각은 가장 작은 삼각형 조각 4개로 덮을 수 있습니다.

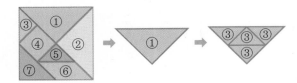

12 접근 ≫ 어떤 변끼리 길이가 같은지 먼저 확인합니다.

주어진 조각들을 길이가 같은 변끼리 붙여 삼각형을 만들어 봅니다.

따라서 삼각형을 만들 수 없는 경우는 ㉢입니다.

13 접근 ≫ 어떤 변끼리 길이가 같은지 먼저 확인합니다.

길이가 같은 변을 알아보면 다음과 같습니다.

해결 전략
주어진 조각 중 가장 큰 조각을 먼저 채운 다음 나머지 조각을 채워요.

사각형 안에 가장 큰 조각 ①과 ②를 먼저 채우고,
길이가 같은 변끼리 만나도록 남은 조각 ③, ⑤, ⑥을 채웁니다.

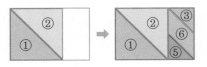

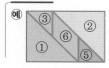

지도 가이드
칠교 조각의 변의 길이가 같은 부분을 먼저 확인하면 주어진 모양을 훨씬 쉽게 만들 수 있습니다.

14 접근 ≫ 앞에서 본 모양을 상상하여 그려 봅니다.

쌓기나무로 쌓은 모양을 앞에서 볼 때, 각 자리에 보이는 가장 높은 층을 생각하여 그리면 다음과 같습니다.

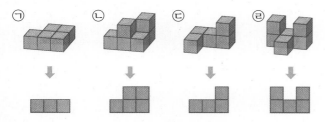

따라서 앞에서 본 모양이 **보기** 와 같은 것은 ⓒ입니다.

보충 개념

오른쪽
앞

· 앞에서 본 모양

· 오른쪽에서 본 모양

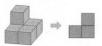

15 접근 ≫ 각 변의 한가운데를 찾아 서로 곧은 선으로 연결해 봅니다.

삼각형의 모든 변의 한가운데를 서로 곧은 선으로 이으면 다음과 같습니다.

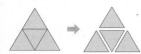

이은 선을 따라 가위로 자르면 삼각형이 **4**개 만들어집니다.

보충 개념
삼각형의 각 변의 한가운데를 찾아 각각 점을 찍은 다음, 점끼리 서로 곧은 선으로 연결해 보아요.

16 접근 ≫ (■각형의 변의 수)=(■각형의 꼭짓점의 수)

한 도형에서 변의 수와 꼭짓점의 수는 같습니다. **8=4+4**이므로 합이 **8**개가 되려면 변의 수와 꼭짓점의 수는 각각 **4**개가 되어야 합니다.
따라서 변과 꼭짓점이 각각 **4**개인 도형은 사각형입니다.

보충 개념
더해서 **8**이 되는 두 수는 여러 가지가 있지만, 같은 수끼리 더해서 **8**이 되는 경우는 **4+4=8**뿐이에요.

17 접근 ≫ 칠교 조각은 모두 7개입니다.

길이가 같은 변끼리 만나도록 칠교 조각을 골라 채우면 다음과 같습니다.

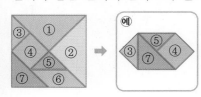

칠교 조각은 모두 **7**개이고 모양을 만드는 데 **4**개의 조각을 사용했으므로 남은 칠교 조각은 **7-4=3**(개)입니다.

다른 풀이

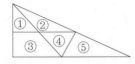 →  또는

칠교 조각은 모두 7개이고 모양을 만드는 데 4개의 조각을 사용했으므로 남은 칠교 조각은 7-4=3(개)입니다.

18 접근 》 작은 도형 여러 개를 붙여서 다른 도형을 만들 수 있습니다.

주의

크기나 모양이 달라도 변이 3개인 도형은 모두 삼각형이에요. 이웃한 도형과 묶어 보며 삼각형을 찾아보아요.

전체 그림에서 작은 도형 1개, 2개, 3개, ...로 된 삼각형을 각각 찾아봅니다.

작은 도형 1개로 된 삼각형: ①, ②, ④, ⑤ ➡ **4개**

작은 도형 2개로 된 삼각형: ①+②, ①+③, ②+④ ➡ **3개**

작은 도형 3개로 된 삼각형: ②+④+⑤ ➡ **1개**

작은 도형 5개로 된 삼각형: ①+②+③+④+⑤ ➡ **1개**

따라서 크고 작은 삼각형은 모두 4+3+1+1=9(개)입니다.

> **지도 가이드**
> 먼저 작은 도형에 각각 번호를 매긴 다음, 작은 도형의 개수를 늘려가면서 찾으면 빠트리지 않고 찾을 수 있습니다.

서술형 19 접근 》 먼저 몇 개의 쌓기나무로 쌓았는지 세어 봅니다.

보충 개념

(처음에 있던 개수)
=(사용한 쌓기나무의 개수)
　+(남은 쌓기나무의 개수)

예 사용한 쌓기나무는 1층에 5개, 2층에 2개로 모두 5+2=7(개)입니다. 모양을 만들고 쌓기나무가 4개 남았으므로 처음에 있던 쌓기나무는 7+4=11(개)입니다.

채점 기준	배점
쌓은 쌓기나무의 개수를 구했나요?	3점
처음에 있던 쌓기나무의 개수를 구했나요?	2점

서술형 20 접근 》 오른쪽에서 본 모양을 상상하여 그려 봅니다.

보충 개념

• 오른쪽에서 본 모양

예 오른쪽에서 볼 때 보이는 쌓기나무의 개수를 각각 세어 봅니다.

㉠ 4개, ㉡ 3개, ㉢ 2개

따라서 오른쪽에서 볼 때 쌓기나무가 3개 보이는 모양은 ㉡입니다.

채점 기준	배점
오른쪽에서 볼 때 보이는 쌓기나무 수를 각각 세었나요?	4점
오른쪽에서 볼 때 쌓기나무가 3개 보이는 모양을 찾았나요?	1점

01 95	**02** 덧셈식: 37+54=91, 54+37=91 / 뺄셈식: 91−37=54, 91−54=37			
03 34, 8	**04** 27명	**05** 2, 92	**06** 53−33−4=16	**07** 2, 6
08 31	**09** 135	**10** □+37=53, 16	**11** 15	**12** 105
13 55	**14** 8, 2, 4, 7	**15** 8자루	**16** 35	**17** 93	**18** 17
19 24장	**20** 13명			

1

접근 ≫ **화살표를 따라 두 수씩 순서대로 계산합니다.**

```
  5 10          1
  6 3    ➡     4 6
 −1 7         +4 9
 ─────        ─────
  4 6          9 5
```
따라서 빈칸에 알맞은 수는 95입니다.

보충 개념
주어진 계산을 하나의 식으로 나타내면 63−17+49가 돼요.

지도 가이드
세 수의 계산은 두 수의 계산을 연달아 하는 것과 같습니다. 빈칸을 채우는 과정과 63−17+49의 답을 구하는 과정이 같다는 것을 설명해 주면 세 수의 계산을 좀 더 쉽게 이해할 수 있습니다.

2

접근 ≫ **가장 큰 수가 합이 되도록 덧셈식을 만듭니다.**

주어진 수 중 가장 큰 수 91을 전체로 보고, 합이 전체가 되도록 나머지 두 수를 더합니다.
➡ 덧셈식 37+54=91
덧셈에서 더하는 두 수의 순서를 바꾸어도 계산 결과는 같습니다.
➡ 덧셈식 54+37=91
91을 전체로 생각하고 한 부분을 빼면 다른 한 부분이 남습니다.
➡ 뺄셈식 91−37=54, 91−54=37

보충 개념
덧셈식을 만들 수 있는 세 수로 4가지 식을 만들 수 있어요.
┌ ■+★=▲   ┌ ▲−■=★
└ ★+■=▲   └ ▲−★=■

3

접근 ≫ **일의 자리 수끼리의 차를 생각해 봅니다.**

일의 자리 수끼리의 차가 6이 되는 두 수를 골라 차를 구해 봅니다.
➡ 34−8=26, 45−9=36
따라서 차가 26이 되는 두 수는 34와 8입니다.

다른 풀이
주어진 수 중 (두 자리 수)−(두 자리 수)의 결과가 26이 되는 경우는 없으므로, (두 자리 수)−(한 자리 수)의 십의 자리 수가 2가 되는 두 수를 골라 차를 구해 봅니다.
➡ 34−6=28, 34−8=26, 34−9=25
따라서 차가 26이 되는 두 수는 34와 8입니다.

보충 개념
차의 일의 자리 수가 6이 되는 경우는 다음과 같아요.
• 받아내림이 없는 경우
  9−3=6, 8−2=6,
  7−1=6, 6−0=6
• 받아내림이 있는 경우
  10−4=6, 11−5=6,
  12−6=6, 13−7=6,
  14−8=6, 15−9=6

4 접근 » 15명이 앉고 남은 의자의 수를 알아봅니다.

42개의 의자가 있는데 15명이 앉았으므로 남은 의자는 42−15=27(개)입니다.
따라서 의자에 모두 앉으려면 27명이 더 앉아야 합니다.

5 접근 » 58 대신 몇을 더했는지 살펴봅니다.

58과 34를 더해야 하는데 60과 34를 더했습니다. 즉, <u>58 대신 60을 더했으므로 2</u>를 빼야 합니다.

$$58+34=60+34-\boxed{2}=\boxed{92}$$

<u>94</u>

<u>92</u>

보충 개념

58 대신 60을 더했으므로 2만큼을 더 더한 것이에요.

해결 전략

주어진 식과 다른 부분을 찾고, 더 더한 만큼을 빼서 바른 계산이 되도록 만들어요.

6 접근 » 일의 자리 수를 같게 하여 뺍니다.

보기 의 계산은 빼는 수 29를 22와 7로 생각하여 82에서 22를 뺀 다음 7을 뺐습니다. 이와 같은 방법으로 53−37을 계산하려면 빼는 수 37을 33과 4로 생각하면 됩니다. 따라서 53에서 33을 뺀 다음 4를 뺍니다. ➡ 53−37=53−33−4=16

해결 전략

53−37에서 53의 일의 자리 수가 3이므로 33을 먼저 빼요. 이때 37을 빼야 하는데 33만 뺐으므로 4를 더 빼서 답을 구해요.

7 접근 》 일의 자리를 먼저 계산하고 십의 자리를 계산합니다.

$$\begin{array}{r} ㉠\ 4 \\ +\ 4\ ㉡ \\ \hline 7\ 0 \end{array}$$

일의 자리 계산에서 4+㉡=0이 되는 ㉡은 없으므로 십의 자리로 1을 받아올림한 것입니다.
➡ 4+㉡=10, ㉡=6

십의 자리 계산은 받아올림한 1을 함께 더합니다.
➡ 1+㉠+4=7, 5+㉠=7, ㉠=2

보충 개념

일의 자리에서 십의 자리로 받아올림한 수는 1로 표시하지만 실제로는 10을 나타내요. 그래서 받아올림한 1을 십의 자리 수와 함께 더해야 해요.

8 접근 》 먼저 조건에 맞는 두 수를 찾습니다.

두 자리 수 중 십의 자리 숫자가 7인 가장 작은 수는 70이고, 십의 자리 숫자가 3인 가장 큰 수는 39입니다.
➡ 70-39=31

주의

십의 자리 숫자가 7인 가장 작은 수를 71로 생각하지 않도록 해요. 두 자리 수의 일의 자리에는 0이 들어갈 수 있어요.

9 접근 》 조건을 만족하는 수를 모두 찾아봅니다.

27보다 크고 57보다 작은 수 중 일의 자리 숫자가 5인 수는 35, 45, 55입니다.
따라서 세 수의 합은 35+45+55=135입니다.

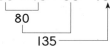

10 접근 》 구하려는 수를 □로 나타내어 식을 써 봅니다.

농장에서 기르는 소의 수를 □로 하여 덧셈식으로 나타내면 □+37=53입니다.
□+37=53 ➡ 53-37=□, □=16

11 접근 》 53-□=39가 되는 경우를 먼저 생각합니다.

53-□=39일 때, 53-□=39 ➡ 53-39=□, □=14입니다. 53-14=39이므로 53-□가 39보다 작으려면 □ 안에 14보다 큰 수가 들어가야 합니다.
따라서 □ 안에 들어갈 수 있는 수 중에서 가장 작은 수는 15입니다.

보충 개념

□가 차가 되도록 뺄셈식으로 나타내요.
　53-□=39
➡ 53-39=□

12 접근 》 가장 큰 두 수를 골라 각각 십의 자리에 놓습니다.

합이 가장 크게 되려면 십의 자리에 큰 수들을 놓아야 합니다. 가장 큰 수 6과 둘째로 큰 수 4를 각각 십의 자리에 놓고, 나머지 수 2와 3을 각각 일의 자리에 놓습니다.
➡ 62와 43 또는 63과 42

보충 개념

합이 가장 크게 되려면 십의 자리에 가장 큰 두 수를 놓고 일의 자리에 나머지 두 수를 놓아요.

$$\begin{array}{r} 6\ 2 \\ +\ 4\ 3 \\ \hline 1\ 0\ 5 \end{array} \quad \text{또는} \quad \begin{array}{r} 6\ 3 \\ +\ 4\ 2 \\ \hline 1\ 0\ 5 \end{array}$$

13 접근 ≫ 어떤 수를 □라 하고 어떤 수를 먼저 구합니다.

어떤 수를 □라 하면 □$-18=19$ ➡ $19+18=$□, □$=37$입니다.
어떤 수가 37이므로 바르게 계산하면 $37+18=55$입니다.

해결 전략
잘못 계산한 식을 이용하여 어떤 수를 구한 다음 바르게 계산해요.

14 접근 ≫ 일의 자리를 먼저 계산하고 십의 자리를 계산합니다.

ⒼⓁ$-$ⒸⓇ$=35$
일의 자리에서 ⓁⓇ$=5$가 되도록 두 수를 고릅니다. Ⓛ이 7이고 Ⓡ이 2이면
Ⓛ$-$Ⓡ$=7-2=5$가 되지만 남은 수 4와 8을 십의 자리에 놓아 Ⓖ$-$Ⓒ$=3$이 되도록
만들 수 없습니다.
받아내림하여 $10+$Ⓛ$-$Ⓡ$=5$가 되는 경우를 생각하면 $12-7=5$이므로 Ⓛ$=2$,
Ⓡ$=7$입니다. 이때 남은 수로 십의 자리에서 Ⓖ$-1-$Ⓒ$=3$이 되는 경우를 생각하면
Ⓖ$=8$, Ⓒ$=4$입니다.
➡ $82-47=35$

주의
받아내림한 후에는 십의 자리 수가 1만큼 더 작아져요.

지도 가이드
Ⓛ에 7, Ⓡ에 2를 넣는 경우만 차의 일의 자리가 5가 된다고 생각할 수 있습니다. Ⓛ보다 Ⓡ에 더 큰 수가 들어간 경우 받아내림하여 뺄 수 있다는 사실을 짚어 주세요.

15 접근 ≫ 구하려는 수를 □로 하여 식을 써 봅니다.

친구에게 준 연필의 수를 □로 하여 뺄셈식으로 나타내면 $23-$□$=15$입니다.
$23-$□$=15$ ➡ $23-15=$□, □$=8$이므로 친구에게 준 연필은 8자루입니다.

해결 전략
준 연필의 수를 □로 하여 뺄셈식으로 나타내 □의 값을 구해요.

16 접근 ≫ 모르는 수를 □로 하여 식을 써 봅니다.

17에서 □만큼 늘어나고 30만큼 더 늘어난 수는 82와 같으므로 $17+$□$+30=82$,
$47+$□$=82$입니다. $47+$□$=82$ ➡ $82-47=$□이므로 □$=35$입니다.

해결 전략
수직선에서 모르는 수를 □로 하여 덧셈식으로 나타낸 다음, 덧셈식을 뺄셈식으로 나타내 □의 값을 구해요.

지도 가이드
세 수의 덧셈을 수직선에 제시한 문제입니다. 수직선에서 세 수의 합이 82와 같음을 이용해 식을 세우면 됩니다. 세 수의 덧셈에서 어떤 두 수를 먼저 더해도 합이 같으므로 $17+$□$+30=82$의 계산에서 모르는 수 □를 뺀 나머지 두 수 17과 30을 먼저 더해도 됩니다.

17 접근 》 먼저 뺄셈 상자에서 수가 얼마만큼 줄어드는지 알아봅니다.

빼는 수를 ■로 하여 뺄셈식으로 나타내면 81-■=36 ➡ 81-36=■, ■=45입니다. 즉, 뺄셈 상자에 어떤 수를 넣으면 45만큼 줄어드는 것을 알 수 있습니다.

이 상자에 어떤 수 □를 넣어 48이 나오려면 □-45=48이 되어야 합니다.

□-45=48 ➡ 48+45=□, □=93이므로 뺄셈 상자에서 48이 나오려면 93을 넣어야 합니다.

주의
모르는 수가 2개이므로 ■와 □ 처럼 서로 다른 기호로 나타내어야 해요.

다른 풀이

뺄셈 상자에 81을 넣었을 때 36이 나왔으므로 넣은 수 81은 나온 수 36보다 81-36=45만큼 더 큽니다. 즉, 상자에 넣은 수는 나온 수보다 45만큼 더 큽니다. 따라서 상자에 어떤 수를 넣어서 48이 나오려면 48+45=93을 넣어야 합니다.

18 접근 》 세 수의 합이 주어진 수가 되도록 식을 세웁니다.

합해서 30　합해서 34　합해서 38

13　10　㉠　㉡　㉢　㉣　㉤

합해서 32　합해서 36

이웃하여 놓인 세 수의 합이 주어진 수가 되도록 덧셈식을 쓰고, 덧셈식을 뺄셈식으로 나타내 답을 구합니다.

13+10+㉠=30, 23+㉠=30 ➡ 30-23=㉠, ㉠=7

10+㉠+㉡=32, 10+7+㉡=32, 17+㉡=32 ➡ 32-17=㉡, ㉡=15

㉠+㉡+㉢=34, 7+15+㉢=34, 22+㉢=34 ➡ 34-22=㉢, ㉢=12

㉡+㉢+㉣=36, 15+12+㉣=36, 27+㉣=36 ➡ 36-27=㉣, ㉣=9

㉢+㉣+㉤=38, 12+9+㉤=38, 21+㉤=38 ➡ 38-21=㉤, ㉤=17

따라서 오른쪽 맨 끝에 놓일 카드의 수는 17입니다.

19 접근 》 먼저 어떤 수부터 구할지 생각합니다.

예 준혁이의 딱지 수는 3장만 더 있으면 20장이므로 20장보다 3장 더 적은 20-3=17(장)입니다.

연아의 딱지 수는 준혁이보다 14장 더 많으므로 17+14=31(장)입니다.

지우의 딱지 수는 연아보다 7장 더 적으므로 31-7=24(장)입니다.

해결 전략
준혁이의 딱지 수 ➡ 연아의 딱지 수 ➡ 지우의 딱지 수 순서로 구해요.

채점 기준	배점
준혁이의 딱지 수를 이용해 연아의 딱지 수를 구했나요?	3점
연아의 딱지 수를 이용해 지우의 딱지 수를 구했나요?	2점

서술형 **20** 접근 ≫ 내린 사람 수만큼 뺍니다.

예 (지금 타고 있는 사람 수)

= (처음에 타고 있던 사람 수) − (동물원에서 내린 사람 수) − (미술관에서 내린 사람 수)

= 33 − 16 − 4 = 13(명)

> **해결 전략**
>
> 처음에 타고 있던 사람 수에서 동물원과 미술관에서 내린 사람 수를 빼요.

지도 가이드

식을 세우는 것은 어렵지 않지만 계산 과정에서 실수할 수 있는 문제입니다. 앞에서부터 차례로 빼도록 해 주시고, 빼는 두 수끼리 먼저 더한 다음 한꺼번에 빼는 방법도 알려주세요.

채점 기준	배점
지금 버스에 타고 있는 사람의 수를 구하는 식을 세웠나요?	3점
지금 버스에 타고 있는 사람의 수를 구했나요?	2점

교내 경시 **4단원** 길이 재기

01 ㉢	**02** 놀이터	**03** 19 cm	**04** 약 6 cm	**05** 60 cm	**06** 9 cm
07 신애	**08** 4 cm	**09** 주원	**10** 2번	**11** 71 cm	**12** 약 60 cm
13 12 cm	**14** 희주	**15** 45 cm	**16** 3번	**17** 120 cm	**18** 94 cm
19 청아	**20** 4번				

---

1 접근 ≫ 연결 모형 하나의 길이를 단위로 생각합니다.

연결 모형의 개수를 각각 세어 봅니다.

㉠ 7개, ㉡ 9개, ㉢ 6개

따라서 가장 긴 것은 ㉡입니다.

> **해결 전략**
>
> 연결 모형의 한 끝을 똑같이 맞추지 않았으므로 연결 모형의 개수를 세어 길이를 비교해요.

2 접근 ≫ 민지의 한 걸음의 길이를 단위로 생각합니다.

같은 단위로 잴 때 거리가 가까울수록 잰 횟수가 적습니다.

집에서부터 잰 걸음 수를 비교하면 35 < 70 < 99로 놀이터가 가장 적습니다.

따라서 집에서 가장 가까운 곳은 35걸음쯤 떨어진 놀이터입니다.

> **보충 개념**
>
> 집에서 더 가까운 곳은 집에서부터의 거리가 더 짧은 곳을 뜻해요.

3 접근 ≫ 빨간색 선의 길이가 1 cm로 몇 번인지 알아봅니다.

작은 사각형의 한 변의 길이는 1 cm이고 빨간색 선은 1 cm로 19번입니다.

따라서 빨간색 선의 길이는 19 cm입니다.

4 접근 》 한쪽 끝을 자의 눈금에 맞추어 길이를 잽니다.

나뭇잎의 한쪽 끝을 자의 눈금 0에 맞추어 길이를 잽니다.
나뭇잎의 다른 쪽 끝이 7보다 6에 가까우므로 약 6cm입니다.

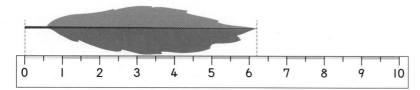

주의
나뭇잎의 한쪽 끝을 0이 아닌
눈금에 맞춘 경우에는 나뭇잎의
길이가 1cm로 몇 번인지 세어
야 해요.

5 접근 》 우산을 연필로 몇 번 쟀는지 알아봅니다.

우산의 길이는 연필로 5번이므로 연필의 길이를 5번 더한 것과 같습니다.
연필의 길이는 12cm이므로 우산의 길이는 $\underbrace{12+12+12+12+12}_{5번}=60(\text{cm})$입니다.

해결 전략
단위의 길이를 잰 횟수만큼 더
하여 잰 길이를 구해요.

6 접근 》 선의 길이를 자로 재어 봅니다.

가에서 나까지는 3개의 곧은 선으로 연결되
어 있습니다. 자를 이용하여 곧은 선의 길이
를 각각 재어 보면 2cm, 4cm, 3cm입니다.
따라서 가에서 나까지 연결된 선의 길이는
$2+4+3=9(\text{cm})$입니다.

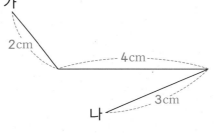

보충 개념
꺾인 부분까지를 각각 하나의
곧은 선으로 생각해요.

> **지도 가이드**
> 자를 곧은 선에 나란히 놓고 선의 한쪽 끝을 눈금 0에 맞추어 길이를 재도록 지도해 주세요.
> 0이 아닌 눈금에 맞춘 경우에는 선의 길이가 1cm로 몇 번인지 세어 보게 해 주세요.

7 접근 》 단위의 길이가 짧을수록 여러 번 재어야 합니다.

같은 길이를 잴 때 잰 뼘의 수가 많을수록 한 뼘의 길이가 짧습니다.
뼘의 수를 비교해 보면 19>18>16으로 신애가 가장 많습니다.
따라서 한 뼘의 길이가 가장 짧은 사람은 신애입니다.

주의
같은 길이를 서로 다른 단위로
잰 경우에만 잰 횟수로 단위의
길이를 비교할 수 있어요.

8 접근 》 각 변의 길이를 자로 재어 봅니다.

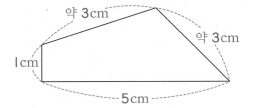

가장 긴 변은 5cm이고 가장 짧은 변은 1cm입니다.
따라서 가장 긴 변은 가장 짧은 변보다 5−1=4(cm) 더 깁니다.

> **지도 가이드**
> 자를 변에 나란히 놓고 변의 한쪽 끝을 눈금 0에 맞추어 길이를 재도록 지도해 주세요.
> 다른 쪽 끝이 눈금에 정확히 맞지 않을 경우에는 어림하여 '약 몇 cm'로 나타냅니다.
> 눈대중으로 가장 긴 변과 가장 짧은 변을 먼저 골라 두 변의 길이만 재는 방법도 있습니다.

9 접근 》 자석의 길이가 1cm로 몇 번인지 세어 봅니다.

은석: 자의 눈금 0에서 시작하지 않았기 때문에 10cm라고 할 수 없습니다.
민희: 자의 한쪽 끝은 6이고 다른 쪽 끝은 9보다 10에 가깝기 때문에 10−6을 생각해
　　야 합니다.
주원: 6부터 10까지 1cm가 4번이므로 약 4cm입니다. (○)
따라서 길이를 바르게 어림한 사람은 주원입니다.

10 접근 》 피아노의 가로 길이를 이용해 붓과 볼펜의 길이를 비교합니다.

피아노의 가로, 붓, 볼펜의 길이를 그림으로 나타내 봅니다.

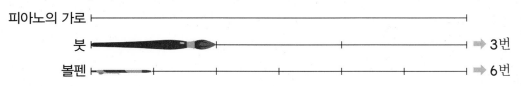

따라서 붓의 길이는 볼펜으로 2번 잰 길이와 같습니다.

> **보충 개념**
> 같은 길이를 붓으로 재면 3번, 볼펜으로 재면 6번이므로 붓의 길이가 볼펜의 길이보다 길어요.

> **지도 가이드**
> 아직 '몇의 몇 배' 개념을 배우지 않았으므로 '볼펜으로 잰 횟수가 붓으로 잰 횟수의 2배이기 때문에 붓의 길이가 볼펜의 길이의 2배이다'라고 설명하면 더 어렵습니다. 잰 횟수를 이용하여 붓과 볼펜의 길이를 간단한 그림으로 그려서 비교하도록 도와주세요.

11 접근 » 팔 길이와 엄지손가락 너비를 각각 단위로 생각합니다.

팔 길이는 33cm이므로 팔 길이로 2번 잰 길이는 33+33=66(cm)입니다.
엄지손가락 너비는 1cm이므로 엄지손가락 너비로 5번 잰 길이는 5cm입니다.
따라서 잰 길이는 66+5=71(cm)입니다.

해결 전략
팔 길이로 재고 엄지손가락 너비로 더 쟀으므로 잰 길이를 각각 구해서 더해요.

12 접근 » 한 자의 길이를 먼저 구합니다.

한 자의 길이는 한 치(약 3cm)로 10번 잰 길이와 같으므로
약 30cm($\underbrace{3+3+3+3+3+3+3+3+3+3}_{10번}$=30)입니다.
한 자의 길이가 약 30cm이므로 두 자의 길이는 약 60cm(30+30=60)입니다.

해결 전략
단위의 길이를 잰 횟수만큼 더하여 잰 길이를 구해요.

13 접근 » 뼘으로 3번은 한 뼘의 길이를 3번 더합니다.

철사의 길이 36cm는 현서의 뼘으로 3번이므로 현서의 한 뼘 길이를 3번 더한 길이는
36cm입니다. 어떤 수를 3번 더해서 36이 되는 경우는 $\underbrace{12+12+12}_{3번}$=36이므로 현
서의 한 뼘은 12cm입니다.

보충 개념
10+10+10=30,
2+2+2=6이므로
12+12+12=36임을 알
수 있어요.

> **지도 가이드**
> 단위의 길이를 잰 횟수만큼 더하면 잰 길이를 구할 수 있습니다. 이 문제는 잰 길이와 잰 횟수를 이용
> 하여 거꾸로 단위의 길이를 구하는 문제입니다. 아직 '나눗셈'을 배우지 않았으므로 여러 번 더한 수를
> 한 번에 구하기는 어렵습니다. 덧셈을 이용하여 수를 추측하도록 지도해 주세요.

14 접근 » 먼저 두 사람의 키를 각각 구합니다.

민수의 키는 길이가 20cm인 주걱으로 7번 잰 길이와 같으므로
$\underbrace{20+20+20+20+20+20+20}_{7번}$=140(cm)입니다. 희주의 키는 길이가 30cm
인 국자로 5번 잰 길이와 같으므로 $\underbrace{30+30+30+30+30}_{5번}$=150(cm)입니다.
140<150이므로 키가 더 큰 사람은 희주입니다.

15 접근 ≫ 전체 길이에서 겹쳐진 길이만큼 줄어듭니다.

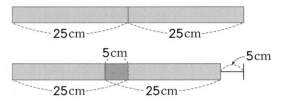

해결 전략
(겹치게 이어 붙인 전체 길이)
=(길이의 합)-(겹쳐진 길이)

색 테이프를 겹치게 이어 붙이면 겹쳐진 길이만큼 전체 길이가 줄어듭니다.
따라서 25 cm짜리 색 테이프 두 장을 5 cm만큼 겹치게 이어 붙이면 전체 길이는
$25+25-5=45$(cm)가 됩니다.

다른 풀이

25 cm짜리 색 테이프 두 장을 5 cm만큼 겹치게 이어 붙이면 색 테이프 한 장은 5 cm만큼 가려집니다. 따라서 이어 붙인 색 테이프의 전체 길이는 $25+(25-5)=25+20=45$(cm)입니다.

16 접근 ≫ 뼘을 단위로 생각하여 지팡이와 시소의 길이를 비교합니다.

지팡이는 선예의 뼘으로 7번, 시소는 선예의 뼘으로 21번 잰 길이와 같습니다. 7을 여러 번 더해서 21이 되는 경우는 $\underset{3번}{7+7+7}=21$이므로 시소의 길이는 지팡이로 3번 잰 길이와 같습니다.

해결 전략
뼘으로 잰 횟수를 지팡이로 잰 횟수로 나타내요.

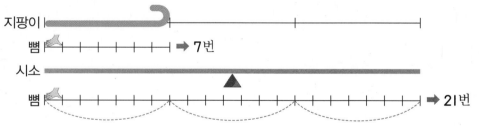

17 접근 ≫ 야광봉의 길이를 먼저 구합니다.

야광봉의 길이는 길이가 5 cm인 머리핀으로 6번 잰 길이와 같으므로
$\underset{6번}{5+5+5+5+5+5}=30$(cm)입니다. 식탁의 높이는 30 cm인 야광봉으로 4번 잰
길이와 같으므로 $\underset{4번}{30+30+30+30}=120$(cm)입니다.

지도 가이드

주어진 값은 머리핀의 길이뿐이므로 머리핀의 길이 ➡ 야광봉의 길이 ➡ 식탁의 높이 순으로 구하도록 합니다.

18 접근 ≫ 막대의 길이를 단위로 생각하여 잰 횟수를 비교합니다.

돗자리의 가로는 막대로 8번이고 돗자리의 세로는 막대로 6번이므로 돗자리의 가로는 세로보다 막대로 $8-6=2$(번) 잰 길이만큼 더 깁니다. 막대의 길이가 47cm이므로 돗자리의 가로는 세로보다 $\underset{2번}{\underline{47+47}}=94$(cm) 더 깁니다.

해결 전략

막대로 잰 횟수를 비교하여 길이의 차를 구해요.

> **지도 가이드**
>
> 같은 단위로 잰 두 길이를 비교하는 문제로, 잰 횟수끼리 비교하여 푸는 것이 편리합니다.
> 가로와 세로의 길이를 각각 구한 다음 차를 구하는 방법은 계산량이 많아 권하지 않습니다.

서술형

19 접근 ≫ 어림한 길이가 실제 길이보다 얼마나 크거나 작은지 알아봅니다.

⑩ 실제 길이(15cm)와 어림한 길이의 차를 각각 구해 봅니다.
청아: $15-13=2$(cm), 상희: $18-15=3$(cm), 태영: $15-12=3$(cm)
따라서 실제 길이에 가장 가깝게 어림한 사람은 실제 길이와 어림한 길이의 차가 가장 작은 청아입니다.

채점 기준	배점
실제 길이와 어림한 길이의 차를 각각 구했나요?	3점
실제 길이에 가장 가깝게 어림한 사람을 찾았나요?	2점

보충 개념

어림한 값은 대강 짐작한 값이므로 실제 값보다 작거나 클 수 있어요. 이 중 실제 값과의 차이가 작을수록 가깝게 어림한 것이에요.

주의

차를 구할 땐 둘 중 큰 수에서 작은 수를 빼야 해요.

서술형

20 접근 ≫ 나무의 높이를 먼저 구합니다.

⑩ 나무의 높이는 상민이의 뼘(12cm)으로 5번 잰 길이와 같으므로
$\underset{5번}{\underline{12+12+12+12+12}}=60$(cm)입니다. 경아의 한 뼘은 15cm이므로 15를 여러 번 더해서 60이 되는 경우는 $\underset{4번}{\underline{15+15+15+15}}=60$입니다. 따라서 나무의 높이는 경아의 뼘으로 4번입니다.

해결 전략

상민이의 뼘으로 나무의 높이를 구한 다음, 나무의 높이가 경아의 뼘으로 몇 번인지 구해요.

보충 개념

합이 60이 될 때까지 15를 여러 번 더해 보아요.
$15+15=30$
$15+15+15=45$
$15+15+15+15=60$

> **지도 가이드**
>
> 아직 '나눗셈'의 개념을 배우지 않았으므로 더하는 횟수를 하나씩 늘려가며 답을 구할 수 있도록 지도해 주세요. 15를 한 번 더한 수부터 두 번 더한 수, 세 번 더한 수, ...를 차례대로 구해 보도록 합니다.

채점 기준	배점
나무의 높이를 구했나요?	2점
나무의 높이는 경아의 뼘으로 몇 번인지 구했나요?	3점

교내 경시 5단원 분류하기

01 ①, ⑥ / ②, ③, ④ / ⑤　　**02** 2, 3, 1　　**03** 3가지　　**04** 노란색　　**05** 2, 3, 2

06 3, 3, 2　　**07** 5, 3　　**08** 나비, 잠자리에 ○표　　**09** 3, 2, 2, 1　　**10** 3층

11 ㉢　　**12** 3가지　　**13** 4, 4, 2　　**14** 6개　　**15** 2개

16 예 컵과 컵이 아닌 것 / ①, ③, ⑦ / ②, ④, ⑤, ⑥

17 (위에서부터) 예 초콜릿 맛, 바나나 맛 / 6, 4

18 (위에서부터) 1개 / 1개, 2개 / 2개, 1개

19 🍦, 초콜릿에 ○표　　**20** 17개

---

1 접근 ≫ 도형의 모양을 알아봅니다.

모양에 따라 분류하면 삼각형은 ①, ⑥, 사각형은 ②, ③, ④, 원은 ⑤입니다.

> **주의**
> 분류 기준은 모양이므로 색깔은 생각하지 않도록 해요.

2 접근 ≫ 분류한 결과를 세어 봅니다.

삼각형은 ①, ⑥으로 2개, 사각형은 ②, ③, ④로 3개, 원은 ⑤로 1개입니다.

3 접근 ≫ 도형의 색깔을 알아봅니다.

도형의 색깔을 살펴보면 빨간색, 파란색, 노란색으로 3가지가 있습니다.
따라서 도형을 색깔에 따라 분류하면 모두 3가지로 분류할 수 있습니다.

> **지도 가이드**
> 똑같은 자료도 어떤 기준으로 분류하느냐에 따라 다르게 분류됩니다. 문제에 어떤 분류 기준이 주어지는지를 꼭 확인한 다음 분류하도록 합니다.

4 접근 ≫ 색깔에 따라 분류해 봅니다.

색깔에 따라 분류하고 그 수를 세어 봅니다.

색깔	빨간색	파란색	노란색
도형	①	②, ⑤	③, ④, ⑥
수(개)	1	2	3

빨간색이 1개, 파란색이 2개, 노란색이 3개이므로 가장 많은 것은 노란색입니다.

5 접근 ≫ 물건의 모양을 알아봅니다.

물건의 모양에 따라 분류하고 세어 봅니다.

모양			
물건			
수(개)	2	3	2

6 접근 ≫ 동물의 다리 수를 알아봅니다.

다리 수에 따라 분류하고 세어 봅니다.

다리 수	2개	4개	6개
동물			
수(마리)	3	3	2

7 접근 ≫ 동물이 날개가 있는지 없는지 알아봅니다.

날개에 따라 분류하고 세어 봅니다.

날개	있는 것	없는 것
동물		
수(마리)	5	3

8 접근 ≫ 둘 중 한 가지 조건으로 먼저 분류합니다.

① 동물을 날개에 따라 분류합니다.

날개가 있는 것	날개가 없는 것

해결 전략

날개에 따라 분류한 결과를 다시 다리 수에 따라 분류해요. 다리 수에 따라 분류한 결과를 날개에 따라 분류해도 결과는 같아요.

② 날개가 있는 것을 다리 수에 따라 분류합니다.

다리가 2개인 것	다리가 6개인 것

따라서 날개가 있는 동물 중 다리가 6개인 것은 나비와 잠자리입니다.

9 접근 》 물건의 쓰임새를 알아봅니다.

물건을 종류에 따라 분류하고 세어 보면 학용품은 ①, ④, ⑧로 3개, 음료는 ②, ⑥으로 2개, 과일은 ③, ⑤로 2개, 의류는 ⑦로 1개입니다.

10 접근 》 음료와 과일은 먹을 수 있으므로 식품으로 분류합니다.

연수네 가족이 산 물건은 학용품, 음료, 과일, 의류로 분류할 수 있습니다.
음료와 과일이 있는 식품 코너는 1층에 있고, 의류와 학용품 코너는 2층에 있습니다.
연수네 가족이 산 물건 중 전자제품은 없으므로 물건을 사지 않은 층은 3층입니다.

보충 개념
음료나 과일은 식품에 속하므로 1층에서 살 수 있어요.

11 접근 》 인형들의 공통점과 차이점을 살펴봅니다.

㉠ 색깔: 색깔에 따라 초록색, 노란색, 보라색으로 분류할 수 있습니다.
㉡ 눈의 수: 눈의 수에 따라 1개, 2개로 분류할 수 있습니다.
㉢ 다리의 수: 모든 인형의 다리는 각각 2개이므로 다리의 수에 따라서는 분류할 수 없습니다.
➡ 분류 기준이 될 수 없는 것은 ㉢입니다.

보충 개념
차이점이 없으면 분류할 수 없어요.

12 접근 》 인형들의 모양을 알아봅니다.

인형의 모양은 □, △, ○로 3가지가 있습니다.
따라서 인형을 모양에 따라 분류하면 3가지로 분류할 수 있습니다.

13 접근 >> 인형의 뿔의 수를 알아봅니다.

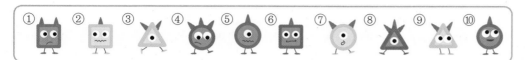

뿔의 수에 따라 분류하고 세어 보면 뿔이 1개인 인형은 ②, ⑤, ⑥, ⑩으로 **4개**, 뿔이 2 개인 인형은 ①, ③, ⑦, ⑨로 **4개**, 뿔이 3개인 인형은 ④, ⑧로 **2개**입니다.

14 접근 >> 먼저 노란색 인형을 세어 봅니다.

노란색 인형은 ②, ③, ⑦, ⑨로 4개입니다. 인형은 모두 10개이므로 노란색이 아닌 인 형은 10-4=**6(개)**입니다.

보충 개념

초록색, 노란색, 보라색 인형은 노란색 인형과 노란색이 아닌 인형으로 분류할 수 있어요.

다른 풀이

인형의 색깔은 초록색, 노란색, 보라색으로 3가지이므로 노란색이 아닌 인형은 초록색이거나 보라 색 인형을 말합니다. 초록색 인형은 ①, ⑤, ⑩으로 3개이고, 보라색 인형은 ④, ⑥, ⑧로 3개이므로 노란색이 아닌 인형은 모두 3+3=6(개)입니다.

15 접근 >> 둘 중 한 가지 조건으로 먼저 분류합니다.

눈이 1개인 인형은 ③, ⑤, ⑦, ⑧입니다.
그중 노란색인 인형은 ③, ⑦이므로 조건을 만족하는 인형은 모두 **2개**입니다.

해결 전략

눈의 수에 따라 분류한 결과를 다시 색깔에 따라 분류해요. 색깔에 따라 분류한 결과를 다시 눈의 수에 따라 분류해도 결과 는 같아요.

다른 풀이

노란색인 인형은 ②, ③, ⑦, ⑨입니다.
그중 눈이 1개인 인형은 ③, ⑦이므로 조건을 만족하는 인형은 모두 2개입니다.

지도 가이드

인형을 속성에 따라 분류하는 문제입니다. 주어진 10개의 인형은 모두 4가지 속성(모양, 색깔, 눈의 수, 뿔의 수)으로 분류할 수 있습니다. 여러 가지 속성 중 눈의 수와 색깔에 주목하여 문제를 풀도록 해 주세요.

16 접근 >> 식기들의 용도나 재질을 알아봅니다.

채점 기준	배점
분명한 분류 기준을 정했나요?	2점
분류 기준에 따라 바르게 분류했나요?	3점

17 접근 » 맛에 따라 분류해 봅니다.

아이스크림은 초콜릿 맛과 바나나 맛 두 가지가 있습니다. 맛에 따라 분류하고 세어 보면 초콜릿 맛은 ①, ③, ④, ⑥, ⑨, ⑩으로 **6개**, 바나나 맛은 ②, ⑤, ⑦, ⑧로 **4개**입니다.

주의
맛에 따라 분류할 때 모양은 신경쓰지 않도록 해요.

18 접근 » 표의 가로와 세로에 주어진 두 가지 기준을 확인하고 분류합니다.

맛에 따라 분류한 결과를 다시 모양에 따라 분류합니다.

모양 \ 맛	초콜릿 맛	바나나 맛
🍦	①, ④, ⑩	⑦
	3개	1개
🍡	③	②, ⑧
	1개	2개
🍶	⑥, ⑨	⑤
	2개	1개

보충 개념
모양에 따라 분류한 결과를 다시 맛에 따라 분류해도 결과는 같아요.

19 접근 » 분류한 표에서 가장 큰 수를 찾습니다.

18번의 표에서 가장 큰 수는 3으로, 이것은 🍦 모양의 초콜릿 맛 아이스크림 개수를 센 것입니다.

➡ 가장 많은 아이스크림은 🍦 모양의 초콜릿 맛 아이스크림입니다.

서술형 20 접근 » 파란색 단추는 원 모양인 것과 사각형 모양인 것이 있습니다.

⑩ 원 모양 파란색 단추는 11개이고, 사각형 모양 파란색 단추는 6개입니다.
따라서 파란색 단추는 모두 11+6=17(개)입니다.

해결 전략
파란색 단추의 개수가 표의 어느 칸에 써 있는지 찾아서 합을 구해요.

채점 기준	배점
원 모양 파란색 단추와 사각형 모양 파란색 단추의 개수를 각각 찾았나요?	3점
파란색 단추는 모두 몇 개인지 구했나요?	2점

교내 경시 6단원 곱셈

01 ④	**02** ③	**03** 4, 20 / 2, 20	**04** ㉡	**05** 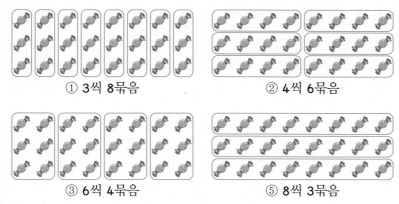	**06** 2
07 11배	**08** 30개	**09** 24송이	**10** 20가지	**11** 30일	**12** 15
13 4개	**14** 4개	**15** 26명	**16** 42	**17** 8대	**18** 180
19 21개	**20** 3개				

1 접근 》 한 묶음의 개수를 다르게 하여 묶어 세어 봅니다.

① 3씩 8묶음

② 4씩 6묶음

③ 6씩 4묶음

⑤ 8씩 3묶음

④ 7씩 묶어 세면 3묶음이 되고 3개가 남습니다.

따라서 사탕의 수를 잘못 나타낸 것은 ④입니다.

2 접근 》 ■씩 ▲묶음 ➡ ■의 ▲배 ➡ ■×▲=■+■+…+■ (▲번)

① 6씩 3묶음 ➡ 6의 3배 ➡ $6+6+6=6×3=18$

② 3의 6배 ➡ $3+3+3+3+3+3=3×6=18$

③ $6+6+6+6=24$

④ $6×3=6+6+6=18$

⑤ 9 곱하기 2 ➡ $9×2=9+9=18$

따라서 나머지 넷과 값이 다른 것은 ③입니다.

보충 개념

곱하는 두 수의 순서를 바꾸어 곱해도 곱은 같아요.

6의 3배 ➡ $6×3=18$

3의 6배 ➡ $3×6=18$

3 접근 》 5씩 묶어 보고, 10씩 묶어 봅니다.

5씩 묶으면 4묶음이 되므로 $5+5+5+5=5×4=20$입니다.

10씩 묶으면 2묶음이 되므로 $10+10=10×2=20$입니다.

보충 개념

같은 양을 묶어 셀 때, 한 묶음의 수가 많을수록 묶음의 수는 줄어들어요.

5씩 4묶음 ➡ 10씩 2묶음

4 접근 ≫ 여러 가지 방법으로 묶어 셀 수 있습니다.

주어진 구슬을 세어 보면 모두 16개입니다.

㉠ $2 \times 8 = 2+2+2+2+2+2+2+2 = 16$

㉡ $3 \times 5 = 3+3+3+3+3 = 15$

㉢ $4 \times 4 = 4+4+4+4 = 16$

㉣ $8 \times 2 = 8+8 = 16$

따라서 구슬의 수를 나타내는 식이 아닌 것은 ㉡입니다.

> **보충 개념**
> 2×8을 2씩 8묶음으로 생각하여 구슬 수를 묶어 세어 봐도 돼요.

> **지도 가이드**
> 교육 과정 순서에 따르면 '곱셈식 알아보기'는 2학년 1학기에, '곱셈구구'는 2학년 2학기에 배웁니다. 따라서 '같은 수를 여러 번 더하는 것을 곱셈으로 나타낸다'는 개념은 1학기에 배우지만 곱셈구구를 익히지 않았으므로 곱셈을 바로 하기 어렵습니다. 사실 곱셈은 덧셈을 보다 편리하게 계산하기 위한 연산의 방법인데 현재로서는 4×3의 값을 구하려면 4를 3번 더하는 수밖에 없습니다. 그러므로 미리 곱셈구구를 무리하여 외우게 하는 것보다 (곱셈)=(같은 수를 여러 번 더하는 것)이라는 개념을 충분히 이해할 수 있도록 지도해 주세요. 이러한 곱셈과 덧셈의 관계에 대한 개념은 중등 과정에서 문자를 사용한 식을 배울 때 밑바탕이 되므로 매우 중요합니다.
>
> | 초등 과정 |
> |---|
> | $4+4+4 = 4 \times 3$ |
> | $3 \times 4 - 4 = 12 - 4 = 8(= 2 \times 4)$ |
>
> ➡
>
> | 중등 과정 |
> |---|
> | $a+a+a = a \times 3$ |
> | $3a - a = 2a$ |

5 접근 ≫ ■씩 ▲묶음 ➡ ■의 ▲배 ➡ ■ × ▲ = $\underbrace{■+■+\cdots+■}_{▲번}$

5씩 5묶음 ➡ 5의 5배 ➡ $5+5+5+5+5 = 5 \times 5 = 25$

9의 4배 ➡ $9+9+9+9 = 9 \times 4 = 36$

6 접근 ≫ =(등호)의 양쪽 값은 같습니다.

$3 \times 4 = 3+3+3+3 = 12$이므로 $6 \times \square = 12$입니다. $6 \times \square = 12$에서 6을 $\square$번 더하여 12가 되는 경우는 $\underbrace{6+6=12}_{2번}$ ➡ $6 \times 2 = 12$이므로 $\square = 2$입니다.

> **보충 개념**
> 합이 12가 될 때까지 6을 여러 번 더해 보아요.

> **지도 가이드**
> =를 사용한 식에서 =의 왼쪽 값과 오른쪽 값이 같다는 사실을 설명해 주세요. 모르는 수가 없는 쪽 $(3 \times 4 = 12)$을 먼저 계산한 다음, 6을 몇 번 더해야 12가 되는지 알아보도록 해 주세요.

7 접근 ≫ 16이 8씩 몇 묶음인지 생각합니다.

8의 9배는 8씩 9묶음이고 16은 16=8+8=8×2이므로 8씩 2묶음입니다.
8씩 9묶음보다 8씩 2묶음만큼 더 큰 수는 8씩 9+2=11(묶음)이므로 8의 11배입니다.

두 수가 각각 8씩 몇 묶음인지를 생각하여 묶음의 수끼리 더해요.

> **지도 가이드**
>
> 두 수를 각각 8씩 몇 묶음으로 생각하고 묶음의 수를 더하여 해결하는 문제입니다. 먼저 16을 8씩 2묶음으로 나타내야 하고, (8씩 9묶음)+(8씩 2묶음)=(8씩 11묶음)이 되는 것을 이해하면 됩니다. 8의 9배의 값을 구해서 16을 더한 다음 그 결과가 8의 몇 배인지 찾는 방법도 있지만 묶음의 수를 더하여 해결하는 방법을 권합니다.

8 접근 ≫ 개는 다리가 4개이고 닭은 다리가 2개입니다.

개는 다리가 4개이므로 개 5마리의 다리 수는
4의 5배 ➡ 4+4+4+4+4=4×5=20(개)입니다.
닭은 다리가 2개이므로 닭 5마리의 다리 수는
2의 5배 ➡ 2+2+2+2+2=2×5=10(개)입니다.
따라서 개와 닭의 다리는 모두 20+10=30(개)입니다.

해결 전략
(개의 전체 다리 수)
=4×(개의 마리 수)
(닭의 전체 다리 수)
=2×(닭의 마리 수)

9 접근 ≫ 먼저 꽃병의 개수를 구합니다.

꽃병이 한 탁자에 4개씩 2개의 탁자에 놓여 있으므로 꽃병은 모두
4+4=4×2=8(개)입니다. 장미가 3송이씩 8개의 꽃병에 꽂혀 있으므로 장미는 모두
3+3+3+3+3+3+3+3=3×8=24(송이)입니다.

보충 개념
(전체 꽃병의 수)
=(한 탁자에 놓인 꽃병의 수)
　×(탁자의 수)
(전체 장미 수)
=(한 꽃병에 꽂힌 장미 수)
　×(전체 꽃병의 수)

10 접근 ≫ 티셔츠 하나당 바지를 몇 가지씩 고를 수 있는지 생각합니다.

티셔츠 하나당 바지를 5가지씩 고를 수 있습니다.
따라서 티셔츠가 4개일 때 티셔츠와 바지를 하나씩 고를 수 있는 방법의 가짓수는
5의 4배 ➡ 5+5+5+5=5×4=20(가지)가 됩니다.

해결 전략
(티셔츠와 바지를 하나씩 고를 수 있는 가짓수)
=(티셔츠의 개수)
　×(바지의 개수)

다른 풀이

> 바지 하나당 티셔츠를 4가지씩 고를 수 있습니다. 따라서 바지가 5개일 때 바지와 티셔츠를 하나씩 고를 수 있는 방법의 가짓수는 4의 5배 ➡ 4+4+4+4+4=4×5=20(가지)가 됩니다.

> **지도 가이드**
>
> 티셔츠 하나당 바지를 하나씩 짝지어 모두 몇 가지의 경우가 되는지 따져 주세요.
> 티셔츠와 바지를 하나씩 짝지어 연결한 선의 수를 세어 답을 구할 수도 있습니다.

11 접근 ≫ 4주는 일주일의 4배입니다.

일주일이 7일이므로 4주는 7의 4배 ➡ $7+7+7+7=7 \times 4=28$(일)입니다.
이 달의 날수는 4주보다 2일 더 많으므로 $28+2=30$(일)입니다.

12 접근 ≫ ■의 값을 먼저 구합니다.

40은 8의 ■배이므로 8을 ■번 더하여 40이 되어야 합니다.
$\underset{5번}{\underline{8+8+8+8+8}}=40$이므로 40은 8의 5배입니다. ➡ ■$=5$
■가 5이므로 5의 3배는 $5+5+5=5 \times 3=15$입니다. ➡ ★$=15$

보충 개념
합이 40이 될 때까지 8을 여러 번 더해 보아요.
$8+8=16$
⋮
$8+8+8+8+8=40$

13 접근 ≫ 필요한 초콜릿의 개수를 먼저 알아봅니다.

하루에 8개씩 6일 동안 먹으려면 초콜릿이 $8+8+8+8+8+8=8 \times 6=48$(개) 필요합니다. 초콜릿을 44개 가지고 있으므로 $48-44=4$(개) 부족합니다.

14 접근 ≫ 집 모양 1개를 만드는 데 필요한 면봉의 개수를 먼저 세어 봅니다.

집 모양 1개를 만드는 데 필요한 면봉은 6개입니다.
집 모양을 2개 만들려면 면봉이 $6+6=6 \times 2=12$(개),
집 모양을 3개 만들려면 면봉이 $6+6+6=6 \times 3=18$(개),
집 모양을 4개 만들려면 면봉이 $6+6+6+6=6 \times 4=24$(개) 필요합니다.
따라서 면봉이 24개 있으면 집 모양을 4개 만들 수 있습니다.

해결 전략
집 모양을 1, 2, 3, ...개 만드는 데 필요한 면봉의 개수를 차례로 알아봐요.

15 접근 ≫ 남학생과 여학생의 수를 각각 구합니다.

남학생은 4명씩 3모둠이므로 $4+4+4=4 \times 3=12$(명)이고, 여학생은 3명씩 5모둠이므로 $3+3+3+3+3=3 \times 5=15$(명)입니다.
남학생 1명이 학교에 오지 못했으므로 오늘 출석한 학생은 $12+15-1=26$(명)입니다.

다른 풀이

남학생은 4명씩 3모둠이므로 $4+4+4=4 \times 3=12$(명)이고, 오늘 남학생 1명이 오지 못했으므로 오늘 온 남학생은 $12-1=11$(명)입니다.
여학생은 3명씩 5모둠이므로 $3+3+3+3+3=3 \times 5=15$(명)입니다.
따라서 오늘 출석한 학생은 $11+15=26$(명)입니다.

16 접근 》 가장 큰 두 수를 곱하면 가장 큰 곱이 나옵니다.

수의 크기를 비교하면 7>6>3>2이므로 가장 큰 곱은 가장 큰 수 7과 둘째로 큰 수 6을 곱한 7×6(또는 6×7)입니다.
➡ 가장 큰 곱: 7×6=7+7+7+7+7+7=42
　　　　　　　(또는 6×7=6+6+6+6+6+6+6=42)

보충 개념
큰 수를 여러 번 더해야 계산 결과가 커져요. 따라서 가장 큰 두 수를 곱해야 가장 큰 곱이 돼요.

17 접근 》 전체 유아차의 바퀴 수를 먼저 구합니다.

바퀴가 4개인 유아차가 6대 있으므로 유아차의 바퀴 수의 합은
4+4+4+4+4+4=4×6=24(개)입니다.
세발자전거의 바퀴 수의 합도 24개이므로 세발자전거의 수를 □로 나타내면
3×□=24가 되어야 합니다. 3+3+3+3+3+3+3+3=24 ➡ 3×8=24이므
로 놀이터에 세발자전거는 8대 있습니다.

> **지도 가이드**
> 아직 '나눗셈'의 개념을 배우지 않았으므로 3×□=24가 되는 □의 값을 곧바로 구할 수 없습니다.
> 3×□ ➡ 3씩 □묶음임을 생각하여 덧셈을 이용해 □의 값을 구하도록 합니다.
> 더하는 횟수를 한 번씩 늘려가며 3을 □번 더하여 24가 되는 □를 찾도록 지도해 주세요.

해결 전략
유아차 6대의 바퀴 수와 세발자전거 몇 대의 바퀴 수가 같아지는지 구해요.

보충 개념
합이 24가 될 때까지 3을 여러 번 더해 봐요.
3+3=6
3+3+3=9
⋮
3+3+3+3+3+3+3+3=24

18 접근 》 (■의 ▲배)=(▲의 ■배)

2의 90배의 값은 90의 2배의 값과 같습니다.
따라서 2의 90배 ➡ 90의 2배 ➡ 90×2=90+90=180입니다.

보충 개념
(■의 ▲배)=(▲의 ■배)
➡ ■×▲=▲×■

19 접근 》 몇 개 중에 몇 개를 팔았는지 생각합니다.

㉠ 배가 9개씩 4상자 있으므로 모두 9+9+9+9=9×4=36(개)입니다.
한 봉지에 3개씩 담아 5봉지를 팔았으므로 판 배는 3+3+3+3+3=3×5=15(개)
입니다. 따라서 남은 배는 36-15=21(개)입니다.

채점 기준	배점
처음에 있던 배의 개수를 구했나요?	2점
남은 배의 개수를 구했나요?	3점

서술형 **20** 접근 ≫ ☐ 안에 수를 1부터 차례로 넣어 봅니다.

예 ☐ 안에 1, 2, 3, ..., 9를 차례로 넣어 7×☐가 23보다 작은 경우를 모두 찾아봅니다.

$7 \times 1 = 7$, $7 \times 2 = 7 + 7 = 14$, $7 \times 3 = 7 + 7 + 7 = 21$,

$7 \times 4 = 7 + 7 + 7 + 7 = 28$, ...

따라서 ☐ 안에 들어갈 수 있는 수는 1, 2, 3으로 모두 3개입니다.

채점 기준	배점
☐ 안에 들어갈 수 있는 수를 찾았나요?	4점
☐ 안에 들어갈 수 있는 수가 모두 몇 개인지 구했나요?	1점

보충 개념

$7 \times 4 = 7 + 7 + 7 + 7 = 28$
이므로 7×4는 23보다 커요.
따라서 ☐ 안에 4보다 크거나 같은 수는 들어갈 수 없어요.

주의

☐ 안에 1을 넣는 경우를 빠트리지 않도록 해요. 7×1은 7을 한 번 더한 수이므로 7이에요.

| **01** 777 | **02** 12 / 60, 12 / 72 | | **03** 397 | | |

04 (예)

계절	봄	여름	가을	겨울
수(명)	8	3	5	4

05 5명 **06** 종수

07 3, 18 / 9, 18 **08** 지수

09 74개

10 8×5=40, 40 cm **11** ㉡ **12** 11개 **13** 12가지

14 (예)   **15** 50개 **16** 2×3=6, 6 cm **17** 30 cm

18 ㉢ **19** 4, 5 **20** 33

1

^{1단원}

접근 》 숫자 7의 자릿값을 알아봅니다.

숫자 7이 나타내는 수는 다음과 같습니다.

$10\underline{7} \Rightarrow 7$
일의 자리

$4\underline{7}6 \Rightarrow 70$
십의 자리

$\underline{7}35 \Rightarrow 700$
백의 자리

따라서 숫자 7이 나타내는 수의 합은 7+70+700=777입니다.

2

^{3단원}

접근 》 54를 60으로 만들려면 6이 필요합니다.

18을 6과 12로 생각하여 54와 6을 먼저 더해 60을 만든 다음 12를 더합니다.

해결 전략

54를 6만큼 더 큰 수인 60으로 만들기 위해서 더하는 수 18을 6과 12로 가르기해요.

3

^{1단원}

접근 》 주어진 두 수를 이용하여 눈금 한 칸의 크기를 먼저 구합니다.

247에서 눈금 두 칸만큼 뛰어 센 수가 307이므로 눈금 두 칸의 크기는 60입니다. 60은 30이 2개인 수이므로 눈금 한 칸의 크기는 30입니다. ㉠이 나타내는 수는 307에서 30씩 세 번 뛰어 센 수이므로 307-337-367-397입니다.

보충 개념

몇씩 두 번 뛰어 세어야 60만큼이 되는지를 구해야 해요. 30-60이므로 눈금 한 칸의 크기는 30이 돼요.

4

^{5단원}

접근 》 봄, 여름, 가을, 겨울로 분류하고 그 수를 세어 봅니다.

계절별로 빠트리거나 여러 번 세지 않도록 주의하여 셉니다.

지도 가이드

조사한 자료를 셀 때, 자료를 빠트리지 않고 모두 세기 위하여 ∨, ○, × 등의 다양한 기호를 사용하여 세면 좋습니다. 또한 분류하여 수를 세어 본 후에는 센 결과가 전체 수와 일치하는지 확인하도록 지도해 주세요.

5 5단원
접근 》 분류하여 센 수를 비교해 봅니다.

가장 많은 학생들이 좋아하는 계절은 봄으로 8명입니다. 가장 적은 학생들이 좋아하는
계절은 여름으로 3명입니다. 따라서 학생 수의 차는 8−3＝5(명)입니다.

6 6단원
접근 》 세진이와 종수의 사탕 수를 각각 구합니다.

세진이가 가지고 있는 사탕: 6개씩 4묶음 ➡ 6+6+6+6＝6×4＝24(개)
종수가 가지고 있는 사탕: 5의 5배 ➡ 5+5+5+5+5＝5×5＝25(개)
따라서 사탕을 더 많이 가지고 있는 사람은 종수입니다.

7 6단원
접근 》 6개씩, 2개씩 묶어 봅니다.

음료수 캔을 6개씩 묶어 세면 3묶음이므로 6+6+6＝6×3＝18입니다.
음료수 캔을 2개씩 묶어 세면 9묶음이므로
2+2+2+2+2+2+2+2+2＝2×9＝18입니다.

보충 개념
한 묶음의 수만큼 더해 가세요.
■씩 ▲묶음 ➡ ■×▲
➡ ■＋■＋…＋■
　　　　　▲번

8 4단원
접근 》 각 단위의 길이를 비교해 봅니다.

길이를 잰 횟수는 같으므로 길이를 잴 때 사용한 단위의 길이를 비교해 보아야 합니다.
면봉, 연필, 야구 방망이의 길이를 비교해 보면 야구 방망이가 가장 깁니다.
따라서 지수의 리본이 가장 깁니다.

보충 개념
단위의 길이가 다르기 때문에
잰 횟수가 같아도 잰 길이는 달
라요.

9 1단원+3단원
접근 》 주영이가 가지고 있는 곶감 수를 먼저 알아봅니다.

10개씩 4묶음과 낱개 16개는 56이므로 주영이가 가지고 있는 곶감은 56개입니다.
태호는 주영이보다 곶감을 18개 더 많이 가지고 있으므로 태호가 가지고 있는 곶감은
56+18＝74(개)입니다.

보충 개념
낱개 16개
➡ 10개씩 1묶음과 낱개 6개

10 4단원+6단원
접근 》 먼저 나무막대 1개의 길이를 재어 봅니다.

나무막대 1개의 길이는 1cm로 8번이므로 8cm입니다. 나무막대 5개의 길이는 8cm
의 5배이므로 곱셈식으로 나타내면 8+8+8+8+8＝8×5＝40(cm)입니다.

보충 개념
나무막대의 한쪽 끝이 눈금 0에
맞추어져 있지 않으므로 나무막
대의 길이가 1cm로 몇 번인지
알아봐요.

11 3단원

접근 ≫ 모르는 수가 답이 되도록 식을 바꾸어 나타냅니다.

$57-\bigcirc=29 \Rightarrow 57-29=\bigcirc, \bigcirc=28$

$\bigcirc-14=19 \Rightarrow 19+14=\bigcirc, \bigcirc=33$

$5+\bigcirc=22 \Rightarrow 22-5=\bigcirc, \bigcirc=17$

따라서 가장 큰 수는 $\bigcirc$입니다.

보충 개념

모르는 수가 차가 되도록 뺄셈 식으로 나타내요.

$57-\bigcirc=29$

$\Rightarrow 57-29=\bigcirc$

12 2단원

접근 ≫ 작은 도형 여러 개를 붙여서 사각형을 만들 수 있습니다.

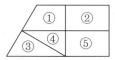

작은 도형 1개, 2개, 3개, ...로 된 사각형을 각각 찾아봅니다.

작은 도형 1개로 된 사각형: ①, ②, ⑤ ➡ 3개

작은 도형 2개로 된 사각형: ①+②, ①+④, ②+⑤, ③+④, ④+⑤ ➡ 5개

작은 도형 3개로 된 사각형: ①+③+④, ③+④+⑤ ➡ 2개

작은 도형 5개로 된 사각형: ①+②+③+④+⑤ ➡ 1개

따라서 크고 작은 사각형은 모두 3+5+2+1=11(개)입니다.

주의

크기나 모양이 달라도 변이 4개인 도형은 모두 사각형이에요.

> **지도 가이드**
>
> 이웃한 도형과 묶어 보며 사각형을 찾아보도록 합니다. 먼저 작은 도형에 각각 번호를 매긴 다음, 작은 도형의 개수를 늘려가면서 찾으면 빠트리지 않고 찾을 수 있습니다.

13 6단원

접근 ≫ 빵 하나당 음료수를 몇 가지씩 고를 수 있는지 생각합니다.

빵 하나당 음료수를 4가지씩 고를 수 있습니다. 따라서 빵이 3개일 때 빵과 음료수를 하나씩 고를 수 있는 방법의 가짓수는 4의 3배 ➡ 4+4+4=4×3=12(가지)가 됩니다.

다른 풀이

음료수 하나당 빵을 3가지씩 고를 수 있습니다. 따라서 음료수가 4개일 때 음료수와 빵을 하나씩 고를 수 있는 방법의 가짓수는 3의 4배 ➡ 3+3+3+3=3×4=12(가지)가 됩니다.

> **지도 가이드**
>
> 빵 하나당 음료수 하나를 짝지어 모두 몇 가지의 경우가 되는지 따져 주세요.
> 빵과 음료수를 하나씩 짝지어 연결한 선의 수를 세는 방법도 있습니다.

14 ^{2단원}

접근 ≫ 어떤 변끼리 길이가 같은지 먼저 확인합니다.

길이가 같은 변끼리 만나도록 칠교 조각을 채우면 다음과 같습니다.

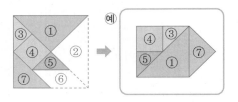

다른 답

15 ^{2단원+6단원}

접근 ≫ 먼저 사과 상자가 몇 개인지 세어 봅니다.

상자를 1층에 3개, 2층에 1개, 3층에 1개 쌓았으므로 상자는 모두 $3+1+1=5$(개)입니다.
사과는 한 상자에 10개씩 들어 있으므로 모두 $10+10+10+10+10=10×5=50$(개)입니다.

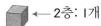

16 ^{2단원+4단원+6단원}

접근 ≫ 쌓기나무의 층수를 먼저 알아봅니다.

쌓기나무 1개의 높이는 2 cm이고, 쌓기나무를 3층으로 쌓았습니다.
따라서 탑의 높이는 2 cm의 3배이므로 $2+2+2=2×3=6$(cm)입니다.

17 ^{4단원}

접근 ≫ 면봉을 단위로 하여 스케치북의 가로와 세로 길이의 차를 생각합니다.

스케치북의 가로는 세로보다 면봉으로 $10-6=4$(번) 잰 길이만큼 더 길고, 이 길이는 20 cm입니다. $20=\underbrace{5+5+5+5}_{4번}$이므로 면봉의 길이는 5 cm입니다.
스케치북의 세로 길이는 면봉으로 6번이므로 $\underbrace{5+5+5+5+5+5}_{6번}=30$(cm)입니다.

18 ^{2단원+5단원}

접근 ≫ 변의 수에 따라 분류한 결과를 다시 구멍의 수에 따라 분류합니다.

㉠ 변의 수가 3개이면 삼각형 모양 단추이고, 이 중 구멍이 2개인 단추는 1개입니다.
㉡ 변의 수가 4개이면 사각형 모양 단추이고, 이 중 구멍이 4개인 단추는 2개입니다.
㉢ 변의 수가 0개이면 원 모양 단추이고, 이 중 구멍이 2개인 단추는 3개입니다.
따라서 단추의 개수가 가장 많은 것은 ㉢입니다.

19 ^{1단원}

접근 》 백의 자리 숫자부터 차례대로 비교해 봅니다.

$337 < 3\square5$: 백의 자리 숫자가 같으므로 십의 자리 숫자를 비교하면 $3 < \square$입니다.
$\square$ 안에 3을 넣어 십의 자리 숫자가 서로 같은 경우를 생각해 보면 $337 > 335$가 되므로 $\square$ 안에 3은 들어갈 수 없습니다. ➡ 4, 5, 6, 7, 8, 9

$259 > 2\square8$: 백의 자리 숫자가 같으므로 십의 자리 숫자를 비교하면 $5 > \square$입니다.
$\square$ 안에 5를 넣어 십의 자리 숫자가 서로 같은 경우를 생각해 보면 $259 > 258$이 되므로 $\square$ 안에 5도 들어갈 수 있습니다. ➡ 0, 1, 2, 3, 4, 5

따라서 $\square$ 안에 공통으로 들어갈 수 있는 수는 4, 5입니다.

> **지도 가이드**
> 문제의 $\square$ 안에 0, 1, 2, …, 9를 차례대로 넣어 보아도 답을 구할 수 있습니다. 하지만 십진법의 원리를 바탕으로 수의 크기를 비교하는 문제이므로 높은 자리부터 각 자리의 숫자를 비교하여 답을 구할 수 있도록 지도해 주세요.

보충 개념
백의 자리 숫자끼리 같은 경우 만약 십의 자리 숫자도 같다면 일의 자리 숫자끼리 비교해야 해요. 그래서 십의 자리 숫자끼리 서로 같은 경우도 반드시 따져 보아야 해요.

20 ^{3단원}

접근 》 ㉠, ㉡, ㉢ 중에서 어떤 수를 가장 먼저 구할 수 있는지 생각합니다.

㉡을 먼저 구한 다음 ㉡을 이용하여 ㉠과 ㉢을 구합니다.
$13 + 23 + 35 + ㉡ = 90$, $71 + ㉡ = 90$ ➡ $90 - 71 = ㉡$, $㉡ = 19$
$23 + ㉡ + 16 + ㉠ = 90$, $23 + 19 + 16 + ㉠ = 90$, $58 + ㉠ = 90$
➡ $90 - 58 = ㉠$, $㉠ = 32$
$35 + ㉡ + 16 + ㉢ = 90$, $35 + 19 + 16 + ㉢ = 90$, $70 + ㉢ = 90$
➡ $90 - 70 = ㉢$, $㉢ = 20$
따라서 $㉠ - ㉡ + ㉢ = 32 - 19 + 20 = 33$입니다.

보충 개념
한 원 안에 있는 네 수 중 세 수를 아는 경우를 가장 먼저 계산해요.

├─ 수능형 사고력을 기르는 1학기 TEST ─ 2회

01 481, 489, 534	**02** ㉣, ㉡, ㉠, ㉢	**03** 71개	**04** ㉣, ㉤	**05** 지호
06 ③, ④	**07** 4, 6, 4	**08** 예) 4, 6, 24	**09** 42살	**10** $85 - 24 = 61$, 61
11 4, 3, 2 / 570원	**12** 683	**13** 100	**14** ㉢	**15** 5가지
16 ㉡	**17** 105개	**18** 4 cm	**19** 30마리	**20** 14 cm

1 ^{1단원}
접근 》 백의 자리 숫자부터 차례대로 비교합니다.

자릿수가 같으므로 높은 자리 숫자가 클수록 큰 수입니다.

백의 자리 숫자를 비교하면 $5 > 4$이므로 534가 가장 큽니다.

481과 489는 십의 자리 숫자도 같으므로 일의 자리 숫자를 비교하면 481<489입니다. 따라서 작은 수부터 차례로 쓰면 481, 489, 534입니다.

$$1 < 9$$

2 ^{6단원}
접근 》 ■씩 ▲줄 ➡ ■씩 ▲묶음 ➡ ■의 ▲배 ➡ ■×▲=■+■+⋯+■
_{▲번}

㉠ 4씩 5줄 ➡ $4+4+4+4+4=4×5=20$

㉡ 3의 8배 ➡ $3+3+3+3+3+3+3+3=3×8=24$

㉢ $6×3=6+6+6=18$

㉣ 5씩 6묶음 ➡ $5+5+5+5+5+5=5×6=30$

따라서 값이 큰 것부터 차례로 쓰면 ㉣, ㉡, ㉠, ㉢입니다.

3 ^{1단원}
접근 》 자릿값을 생각하여 하나의 수로 나타냅니다.

100이 4개 ➡ 400

10이 27개 ➡ 270 ⎱ 670

1이 40개 ➡ 40

———————

710

670보다 40만큼 더 큰 수: 670-680-690-700-710

따라서 100은 10이 10개인 수이므로 710은 10이 71개인 수와 같습니다.

보충 개념

10이 10개 ➡ 100이 1개
10이 20개 ➡ 100이 2개

100 ➡ 10이 10개
710 ➡ 10이 71개

4 ^{5단원}
접근 》 책장의 각 칸에 어떤 물건이 들어 있는지 살펴봅니다.

㉮ 칸에는 책, ㉯ 칸에는 장난감, ㉰ 칸에는 학용품이 있습니다.

㉣ 가위는 장난감이 아니라 학용품이므로 ㉰ 학용품 칸으로 옮겨야 합니다.

5 ^{4단원}
접근 》 뼘의 길이가 짧으면 여러 번 재어야 합니다.

같은 길이를 잴 때 잰 뼘의 수가 많을수록 한 뼘의 길이가 짧습니다.

뼘의 수를 비교해 보면 $8 > 7 > 5$로 지호가 가장 많습니다.

따라서 한 뼘의 길이가 가장 짧은 사람은 지호입니다.

6
접근 ≫ 주어진 식과 달라진 부분을 찾아봅니다.

③ 30은 28보다 2만큼 더 큰 수이므로 75에 30을 더한 후 2를 빼야 합니다.

④ 28은 5와 23으로 가를 수 있으므로 75에 5를 더한 후 23을 더해야 합니다.

지도 가이드

주어진 방법들을 각각 바른 식으로 나타내 설명해 주셔도 좋습니다.

① $75+28=75+20+8$
         20 8

② $75+28=(70+20)+(5+8)$
      70 5 20 8

③ $75+28=75+30-2$
      28보다 2만큼 더 큰 수

④ $75+28=75+5+23$
      5 23

⑤ $75+28=80+28-5$
      75보다 5만큼 더 큰 수

해결 전략
주어진 식과 달라진 부분을 찾고, 더 더한 수를 빼거나 덜 더한 수를 더해서 바른 계산이 되도록 만들어요.

7
접근 ≫ 각 도형의 꼭짓점의 수를 알아봅니다.

꼭짓점이 3개인 것은 삼각형이고 4개 있습니다. 꼭짓점이 4개인 것은 사각형이고 6개 있습니다. 꼭짓점이 0개인 것은 원이고 4개 있습니다.

꼭짓점의 수	3개	4개	0개
도형의 이름	삼각형	사각형	원
수(개)	4	6	4

보충 개념
꼭짓점의 수에 따라 도형의 이름이 정해져요.

주의
원은 꼭짓점이 없어요.

8
접근 ≫ 가장 많이 있는 도형을 알아봅니다.

가장 많이 있는 도형은 사각형이고 6개 있습니다.
사각형의 꼭짓점은 4개씩이고 6개 있으므로 꼭짓점은 모두
$4×6=4+4+4+4+4+4=24$(개)입니다.

➡ $4×6=24$

해결 전략
(사각형들의 꼭짓점 개수)
$=4×$(사각형의 개수)

9
접근 ≫ 민정이 나이의 5배를 먼저 알아봅니다.

민정이 나이는 9살이고, 9의 5배는 $9+9+9+9+9=9×5=45$입니다.
따라서 민정이 아버지의 나이는 $45-3=42$(살)입니다.

10
접근 ≫ 가장 큰 수에서 가장 작은 수를 빼면 차가 가장 커집니다.

가장 큰 수에서 가장 작은 수를 빼면 두 수의 차가 가장 큰 뺄셈식이 됩니다.

가장 큰 두 자리 수: 십의 자리에 가장 큰 수 8, 일의 자리에 둘째로 큰 수 5를 씁니다.
➡ 85

가장 작은 두 자리 수: 십의 자리에 가장 작은 수 2, 일의 자리에 둘째로 작은 수 4를 씁니다. ➡ 24

따라서 차가 가장 큰 뺄셈식은 $85-24=61$입니다.

11 1단원+5단원
접근 ≫ 100원, 50원, 10원짜리의 개수를 각각 셉니다.

종류	100원짜리	50원짜리	10원짜리
수(개)	4	3	2

100원짜리 동전은 4개이므로 400원, 50원짜리 동전은 3개이므로 150원, 10원짜리 동전은 2개이므로 20원입니다.

따라서 성수가 모은 돈은 모두 $400+150+20=570$(원)입니다.

주의
종류에 따라 셀 때 빠트리거나 여러 번 세지 않도록 주의해요.

보충 개념
50이 3개인 수는 50-100-150이므로 150이에요.

12 1단원
접근 ≫ 주어진 두 수를 이용하여 눈금 한 칸의 크기를 먼저 구합니다.

443에서 눈금 두 칸만큼 뛰어 세면 483이므로 눈금 두 칸의 크기는 40이고 눈금 한 칸의 크기는 20입니다. ㉠은 543에서 20씩 한 번 뛰어 센 수이므로 563입니다.

따라서 563에서 30씩 4번 뛰어 세면 $563-593-623-653-683$입니다.

보충 개념
몇씩 2번 뛰어 세어야 40만큼이 되는지를 찾아야 해요. 20-40이므로 눈금 한 칸의 크기는 20이 돼요.

13 2단원+3단원
접근 ≫ 칠교판에서 사용하지 않은 조각을 먼저 찾습니다.

왼쪽 그림과 같이 4조각을 사용하였으므로 남은 조각에 있는 세 수는 62, 20, 18입니다.

➡ $62+20+18=100$

14 2단원
접근 ≫ 앞에서 본 모양을 상상하여 그려 봅니다.

주의
앞으로 튀어 나온 것은 앞에서 본 모양에 영향을 주지 않아요.

쌓기나무로 쌓은 모양을 앞에서 볼 때, 각 자리에 보이는 가장 높은 층을 생각하여 그리면 다음과 같습니다.

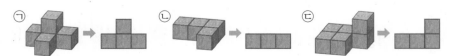

따라서 앞에서 본 모양이 [보기]와 같은 것은 ㉢입니다.

15 4단원
접근 ≫ 겹치지 않게 이어 붙이면 막대 길이의 합만큼을 잴 수 있습니다.

1, 2, 3을 이용하여 합이 10이 되는 덧셈식을 생각해 봅니다.
3+3+3+1=10, 3+3+2+2=10, 3+3+2+1+1=10,
3+2+2+2+1=10, 3+2+2+1+1+1=10
따라서 모두 5가지입니다.

16 2단원
접근 ≫ 주어진 조각으로 삼각형을 만들어 봅니다.

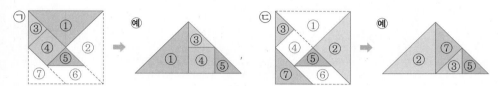

ⓒ의 네 조각으로는 삼각형을 만들 수 없습니다.

17 6단원
접근 ≫ 기둥의 개수와 리본의 개수를 각각 알아봅니다.

울타리 하나에 기둥이 8개씩이므로 울타리 7개에는 기둥이 모두
8+8+8+8+8+8+8=8×7=56(개)입니다.
울타리 하나에 리본이 7개씩이므로 울타리 7개에는 리본이 모두
7+7+7+7+7+7+7=7×7=49(개)입니다.
따라서 기둥과 리본은 모두 56+49=105(개)입니다.

> **보충 개념**
> 리본의 수는 기둥의 수보다 1만큼 더 작은 8−1=7(개)예요.

18 4단원
접근 ≫ 두 사람의 실의 길이의 차와 뼘의 길이 사이의 관계를 생각해 봅니다.

두 사람의 실의 길이의 차가 20cm이므로 기태의 5뼘과 효주의 5뼘의 차는 20cm입니다. 두 사람의 한 뼘의 길이는 각각 일정하므로 5뼘의 길이의 차는 한 뼘의 차를 5번 더한 것과 같습니다.
5번 더해서 20이 되는 경우는 <u>4+4+4+4+4</u>=20이므로 두 사람의 한 뼘의 길이
　　　　　　　　　　　　　　 5번
의 차는 4cm입니다. 따라서 기태의 한 뼘은 효주의 한 뼘보다 4cm 더 깁니다.

> **보충 개념**
> 두 사람의 뼘의 길이가 다르기 때문에 잰 횟수가 같아도 잰 길이는 달라요.
>
> **해결 전략**
> 두 사람의 실의 길이의 차를 이용해서 한 뼘의 길이의 차를 구해요.

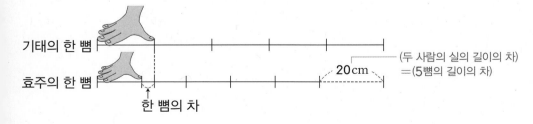

19 ^{3단원}

접근 》 고양이의 수와 강아지의 수를 모두 □를 이용하여 나타냅니다.

고양이의 수를 □라 하면 강아지는 고양이보다 5마리 더 적으므로 강아지의 수는
(□−5)입니다. 강아지와 고양이는 모두 55마리이므로
(강아지의 수)+(고양이의 수)=□−5+□=55, □+□−5=55입니다.
□+□−5=55 ➡ 55+5=□+□, 60=□+□이고, 60=30+30이므로
□=30입니다. 따라서 고양이는 30마리입니다.

> **해결 전략**
>
> 고양이의 수를 □, 강아지의 수를 (□−5)로 나타내어 식을 만들어요.

20 ^{2단원+4단원+6단원}

접근 》 사각형 12개를 붙여 만들 수 있는 사각형 모양을 먼저 알아봅니다.

사각형 12개를 이어 붙여 사각형을 만드는 방법은 다음과 같습니다.

• 12개씩 1줄(또는 1개씩 12줄)

➡ 네 변의 길이의 합:
12+1+12+1=26(cm)

• 6개씩 2줄(또는 2개씩 6줄)

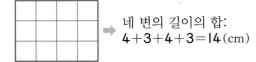

➡ 네 변의 길이의 합:
6+2+6+2=16(cm)

• 4개씩 3줄(또는 3개씩 4줄)

➡ 네 변의 길이의 합:
4+3+4+3=14(cm)

따라서 네 변의 길이의 합이 가장 작은 사각형의 네 변의 길이의 합은 14cm입니다.